U0159188

跨境数据流动：战略与政策

王金照　李广乾　等著

Cross-border Data Flow:
Strategies and Policies

 中国发展出版社
CHINA DEVELOPMENT PRESS

图书在版编目（CIP）数据

跨境数据流动：战略与政策/王金照等著．—北京：中国发展出版社，2020.11

ISBN 978 - 7 - 5177 - 1149 - 0

Ⅰ.①跨… Ⅱ.①王… Ⅲ.①数据管理—研究—中国

Ⅳ.①TP274

中国版本图书馆 CIP 数据核字（2020）第 216203 号

书　　　名：跨境数据流动：战略与政策
著作责任者：王金照　李广乾　等
出 版 发 行：中国发展出版社
联 系 地 址：北京经济技术开发区荣华中路 22 号亦城财富中心 1 号楼 8 层
　　　　　　（100176）
标 准 书 号：ISBN 978 - 7 - 5177 - 1149 - 0
经 销 者：各地新华书店
印 刷 者：北京市密东印刷有限公司
开　　　本：710mm×1000mm　1/16
印　　　张：8.5
字　　　数：110 千字
版　　　次：2020 年 12 月第 1 版
印　　　次：2020 年 12 月第 1 次印刷
定　　　价：49.00 元

联 系 电 话：（010）68990642　68990692
购 书 热 线：（010）68990682　68990686
网 络 订 购：http://zgfzcbs.tmall.com
网 购 电 话：（010）68990639　88333349
本 社 网 址：http://www.develpress.com
电 子 邮 件：fazhanreader@163.com

"跨境数据流动政策研究"
课题组

课题顾问：

    隆国强   国务院发展研究中心党组成员、副主任、研究员

    余　斌   国务院发展研究中心党组成员、研究员

课题负责人：

    王金照   国务院发展研究中心信息中心主任、研究员

课题协调人：

    李广乾   国务院发展研究中心信息中心研究员

课题组成员：

    张　鸿   国务院发展研究中心信息中心副主任、编审

    陈　波   国务院发展研究中心信息中心副主任、副研究员

    段炳德   国务院发展研究中心信息中心研究二处处长、研究员

    朱贤强   国务院发展研究中心信息中心办公室主任、副研究员

    胡豫陇   国务院发展研究中心信息中心助理研究员

    陶　涛   北京大学经济学院教授、博导

为决战决胜全面建成小康社会
贡献高端智库更大智慧和力量

马建堂

2020 年是全面建成小康社会决战决胜之年和"十三五"规划收官之年。面对突如其来的新冠肺炎疫情，在以习近平同志为核心的党中央坚强领导下，全国人民以习近平新时代中国特色社会主义思想为指导，坚决贯彻落实中央各项方针政策，紧扣全面建成小康社会目标任务，统筹推进疫情防控和经济社会发展工作，迎难而上、奋力拼搏，决战决胜全面建成小康社会，确保如期全面建成得到人民认可、经得起历史检验的小康社会。

小康社会是中华民族对幸福生活的千年期盼，全面建成小康社会是中国共产党的奋斗目标和庄严承诺。党的十八大以来，以习近平同志为核心的党中央顺应我国经济社会新发展和广大人民群众新期盼，提出了全面建成小康社会新的目标要求，赋予了"小康"更高的标准、更丰富的内涵、更全面的要求。全面建成小康社会，是"两个一百年"奋斗目标的第一个百年奋斗目标，是中国共产党向人民、向历史作出的庄严承诺，是中国特色社会主义进入新时代的重大历史任务，也是乘势开启全面建设社会主义现代化国家新征程、实现中华民族伟大复兴中国梦的重要里程碑，具有十分重要的实践意义、历史意义和世界意义。在习近平新时代中国特色社会主义思想指引下，我国决战全面建成小康社会生动展开、决胜在即。

一是经济迈向高质量发展。习近平总书记指出，我国经济已由高速增长阶段转向高质量发展阶段，正处在转变发展方式、优化经济结构、转换增长动力的攻关期。以经济建设为中心是兴国之要，经济迈向高质量发展是全面建成小康社会的重要物质基础。党的十八大以来，我国积极推进一系列体制机制改革和政策创新，大力推动经济发展质量变革、效率变革、动力变革，经济高质量发展取得了显著成效。2012~2019 年，我国经济增长平均速度达到 7.0%，在世界主要经济体中保持领先，持续成为推动世界经济增长的动力源。2019 年，我国 GDP 达到 990865 亿元，接近 100 万亿元，人均 GDP 按年平均汇率折算达到 10276 美元，标志着我国经济发展迈上了新的台阶。同时，产业结构持续优化，制造业内部结构升级趋势明显，化解产能过剩取得实效，供给体系质量逐步提高。

二是创新驱动成效显著。习近平总书记强调，创新是引领发展的第一动力。全面建成小康社会，解决我国发展面临的突出短板问题，守住安全底线，提高发展的平衡性、包容性和可持续性，根本的出路唯有实现创新驱动。党的十八大以来，我国持续加大创新资源投入，通过全面深化改革不断释放和激发全社会的创业创新热情，自主创新能力显著增强，创新型国家和人才强国建设取得决定性进展。2012~2019 年，全社会研发经费投入从 10298 亿元增长到 21737 亿元，7 年间翻了一番，目前研发经费支出占 GDP 比重已达到 2.19%，超过欧盟 15 个初创国家平均水平。持续投入结出了累累硕果，我国在基础研究、前沿技术等领域取得诸多重大突破，产生一批在世界上叫得响、数得着的重大成果。创新对经济社会发展的引领力不断增强，全员劳动生产率稳步提高，2019 年已达到 115009 元/人。科技与经济深度融合，智能制造、无人配送、在线消费、医疗健康等新产业新业态新商业模式持续高速发展，对经济社会发展的支撑作用不断增强，不少领域在全世界处于领先水平，这一点在新冠肺炎疫情暴发期间表现得尤为突出。

三是发展协调性明显增强。习近平总书记指出，现代化建设各个环节、各个方面要协调发展，不能长的很长、短的很短。协调发展是全面建成小康社会的应有之义。从发展目标上说，协调就是要让全体人民共享发展的成果；从发展手段上说，协调就是要扬长避短，既要巩固和厚植原有优势，也要着力破解难题，补齐短板，克服"木桶效应"，从而提高整体发展质量，挖掘发展潜力，增强发展后劲。党的十八大以来，我国一系列重点发展战略举措都体现了协调发展的理念，取得了明显成效。在区域协调发展方面，我国提出了京津冀协同发展、长江经济带发展、粤港澳大湾区建设、长三角一体化发展、黄河流域生态保护和高质量发展等重大战略，持续支持革命老区、边疆地区、贫困地区加快发展，不断缩小地区发展差距。2019 年我国东部地区人均 GDP 是西部的 1.76 倍，比 2012 年下降了 0.08 倍。反映 31 个省区市人均 GDP 不均等程度的基尼系数从 2012 年的 0.237 下降到 2019 年的 0.235。在城乡协调发展方面，着力实施乡村振兴战略，坚持工业反哺农业、城市支持农村和多予少取放活的方针，促进城乡资源均衡配置，加快推进农业农村现代化步伐。2019 年城镇居民人均可支配收入是农村居民的 2.64 倍，比 2012 年明显下降。

四是人民生活水平和质量普遍提高。习近平总书记强调，让老百姓过上好日子是我们一切工作的出发点和落脚点。全面建成小康社会，人民是最终的阅卷人，必须坚持以人民为中心的发展理念，紧紧抓住人民最关心最直接最现实的利益问题。2013～2019年，我国全年城镇新增就业人数都在1300万人以上，在一个有14亿人口的大国实现了比较充分的就业。2012～2019年，我国居民人均可支配收入从16510元增长到30733元，收入分配差距问题有所缓解，中等收入人口比重持续上升，经济增长和社会发展成果真正被广大人民共享。截至2019年底，全国参加城镇职工基本养老保险的有43482万人，参加城乡居民基本养老保险的有53266万人，参加基本医疗保险的有135436万人。作为一个发展中国家，我国建成了全世界覆盖面最广的社会保障网，有效解除了广大人民的后顾之忧。全面小康是惠及全体人民的小康，是没有一个人掉队的小康，其中最艰巨的是打赢精准脱贫攻坚战。习近平总书记多次强调，小康不小康，关键看老乡。2012～2019年，我国年末贫困人口从9899万人减少到551万人，连续7年年均减贫1000万人以上，9000多万人已经稳定脱贫，贫困发生率从10.2%降到0.6%，脱贫攻坚取得了决定性成就。这是人类减贫史乃至发展史上前无古人的壮举。

五是国民素质和社会文明程度显著提高。习近平总书记指出，只有物质文明建设和精神文明建设都搞好，国家物质力量和精神力量都增强，全国各族人民物质生活和精神生活都改善，中国特色社会主义事业才能顺利推向前进。党的十八大以来，中国梦和社会主义核心价值观深入人心，已经内化为人们的精神取向、外化为人们的自觉行动，成为当代中国精神的集中体现，凝结着全体人民共同的价值追求。随着对教育、卫生等公共事业的持续投入，2018年我国劳动年龄人口的平均受教育年限达到10.63年，人均预期寿命达到77岁，国民思想道德素质、科学文化素质、健康素质明显提高，为创建知识型、技能型、创新型劳动者大军提供了坚实人力基础。特别是在 2020 年初新冠肺炎疫情暴发后，习近平总书记亲自指挥、亲自部署，始终把人民群众生命安全和身体健康放在第一位，带领全党全国人民打响疫情防控的人民战争、总体战、阻击战，并迅速扭转局面，取得疫情防控持续向好态势，有力保障了人民健康安全。

六是生态环境质量总体改善。习近平总书记强调，环境就是民生，青山就是美丽，蓝天也是幸福。良好的生态环境是最公平的公共产品和最普惠的民生福祉，是全面建成小康社会的重要内容，否则，就会影响小康社会的"成色"。党的十八大以来，我国明确实行了最严格的生态环境保护制度，逐步健全了以主体功能区制度为核心，以源头预防、过程控制、损害赔偿和责任追究为主要内容的生态文明制度体系。党的十九大提出要坚决打好污染防治攻坚战，以改善生态环境质量为核心，以解决人民群众反映强烈的突出生态环境问题为重点，围绕污染物总量减排、生态环境质量提高、生态环境风险管控三类目标，全面推进蓝天保卫战，着力打好碧水保卫战，扎实推进净土保卫战，大力开展生态保护和修复，强化生态环境督察执法，保证党中央关于生态文明建设决策部署落地生根见效。由于这些努力，近年来我国环境质量改善速度之快前所未有，生态环境发生了历史性、转折性和全局性的变化。空气质量明显改善。2019 年，在监测的 337 个地级及以上城市中，空气质量达标的城市占 46.6%，比最近可比的 2015 年提高了 25 个百分点；全国细颗粒物（PM2.5）未达标地级及以上城市的年平均浓度为 40 微克/立方米，比 2015 年下降了 29.8%。水环境质量明显好转。全国地表水 I－Ⅲ类水体比例达到 70% 以上，劣 V 类水体比例控制在 5% 以内。能源资源消费更加集约。2019 年，每万元国内生产总值用能量为 0.49 吨标煤，比 2012 年下降了 24.5%；每万元国内生产总值用水量 67 立方米，比 2012 年下降了 38.8%。

七是各方面制度更加成熟更加定型。习近平总书记指出，新时代改革开放具有很多新的内涵和特点，其中很重要的一点就是制度建设分量更重，改革更多面对的是深层次体制机制问题，对改革顶层设计的要求更高，对改革的系统性、整体性、协同性要求更高，相应地，建章立制、构建体系的任务更重。全面小康是我国近现代发展史上的一次重大历史变革，其建成、巩固以及在此基础上开启我国社会主义现代化国家建设新征程，都要依靠沿着正确方向深化改革形成的成熟定型的国家制度和国家治理体系。党的十八届三中全会开启了全面深化改革、系统整体设计推进改革的新时代。近几年来，我国坚持和完善党的领导制度体系、人民当家作主制度体系、中国特色社会主义法治体系、中国特色社会主义行政体制、社会主义基本经济制度、繁荣发展社会主义先进文化的制度、统筹城乡的民生保障制度、共建共治共享的社会治理制度、生态文明制度体系等，主要领域的基础性制度体系基本形成，重要领域和关键环节改革成效显著，按制度办事、依法办事意识普遍提高，运用制度和法律治理国家的能力显著增强，各方面制度优势正不断转化为管理国家的效能，为全面建成小康社会提供了强大制度保障。

在决战决胜全面建成小康社会的宏伟征程中，国家高端智库肩负着光荣而重大的职责使命。今年以来，国务院发展研究中心深入学习贯彻习近平新时代中国特色社会主义思想，深入学习贯彻习近平总书记重要指示批示精神和党中央决策部署，扎实开展"不忘初心、牢记使命"主题教育，不断增强"四个意识"、坚定"四个自信"、做到"两个维护"，党的建设自觉性主动性和初心使命意识进一步增强，为党咨政、为国建言的质量进一步提高，支撑主责主业、服务中央决策的能力进一步提升，政务运转和服务保障工作进一步提效，国际交流合作机制进一步深化，"智库创新工程"带动智库体制机制建设实现新的突破，国家高端智库建设迈上新的台阶。

过去一年，我们围绕经济社会发展全局性、战略性、前瞻性、长期性和重点热点难点问题开展深入研究，推出一大批高质量研究报告，进一步提高了服务中央决策的能力和水平，共完成几十项中央交办重大课题，高质量完成长江三角洲区域一体化、海南自由贸易港制度与政策体系等多项重大研究任务。

呈现在读者面前的这套"国务院发展研究中心研究丛书2020"，就是一年多来中心部分代表性成果的集中展示。本年度丛书计划出版10余部著作，其中包括国务院发展研究中心重大研究课题报告和研究部（所）承担的重点研究课题报告。这也是"国务院发展研究中心研究丛书"自2010年至今连续第11年出版。11年来，丛书累计出书150余种，受到社会各界读者，特别是中央和地方各级领导同志以及政策咨询研究机构工作人员的高度关注和广泛好评，成为我国智库业界的知名出版物。在此，我谨代表国务院发展研究中心和丛书编委会，向广大读者表示真诚的感谢，希望丛书继续得到领导、专家、读者们的关心、指导和帮助。

当前，我国正站在一个开启全面建设社会主义现代化国家伟大征程的新起点上。国务院发展研究中心将更加紧密地团结在以习近平同志为核心的党中央周围，继续深入学习习近平新时代中国特色社会主义思想，全面贯彻党的十九大和十九届二中、三中、四中全会精神，不忘初心、牢记使命、唯实求真、守正出新，持续提高综合研判和战略谋划能力，加快智库体制机制创新，着力深化国际交流合作，奋力开拓国家高端智库建设新局面，为推进国家治理体系和治理能力现代化、决战决胜全面建成小康社会、实现"十三五"完美收官和"十四五"顺利开局、向第二个百年奋斗目标进军，贡献更大的智慧和力量！

2020 年 8 月 17 日

（作者为国务院发展研究中心党组书记、研究员）

提高监管水平，
促进数据跨境有序安全流动

隆国强

人类正在快步跨入信息时代，对任何一个国家而言，面临的机遇前所未有，挑战也前所未有。信息技术革命正在深刻改变人类的生活方式和生产方式，推动全球格局加速重构。能否把握信息化带来的战略机遇，应对各种挑战，将决定一个国家的前途与命运。

开放是抢占全球数字经济制高点的必然要求。在信息化时代，数据成为新的生产要素。无论是发展数字经济，还是以数字化改造提升传统产业，都要充分用好数据这个新的生产要素。数据不仅要在一国内部跨部门、跨地域有序安全流动，也会要求跨国有序安全流动。基于数据和信息跨境的实物和服务贸易正在快速形成新的经济增长点。在全球数字经济的激烈竞争中，一个国家如果变成信息孤岛，必将被以信息技术为代表的新一轮技术革命与产业变革的时代浪潮所抛弃。因此，任何一个国家，既要防范因技术、人才不足而导致的"数字鸿沟"，又要防范过度监管导致的"数字高墙"。

同时也必须看到，信息安全是关乎全局的大事。跨境数据流动会影响到国家安全、经济安全、公民个人数据隐私保护、国家数据战略、国家税收等经济社会发展的多个方面，不同国家综合考虑本国国情，从自身核心利益出发，设计对跨境数据流动的管理政策与管理体系。

美国总体上主张数据自由跨境流动，但在自身数据外流时却设置诸多限制，表现出典型的双重标准。凭借其领先的 IT 技术和数字经济实力，美国在全球范围内广泛推行数据自由流动，以促进其数字经济发展，获取数据流动红利。但在数据外流时，美国设置了诸多约束机制。例如，外资安全审查机制要求国外网络运营商将通信数据、交易数据、用户信息等仅存储在美国境内，通信基础设施也必须位于美国境内，并且依据《出口管理条例》和《国际军火交易条例》分别对非军用和军用的相关技术数据进行出口许可管理，只有根据法律规定获得相应的出口许可证的提供数据处理服务或掌握数据所有权的相关主体才能进行数据出口。

欧盟对个人信息保护十分重视，寻求数据流动与数据保护之间的平衡。以《通用数据保护条例》为标志，欧盟建立了全球范围内最为严格的个人数据保护体系，但考虑到过度严格的数据管制会对数字经济发展带来制约，欧盟又提出《欧洲数据战略》，以期打造"单一数据市场"，促进欧盟域内和各行业之间数据共享和使用，释放欧盟的数据价值。

俄罗斯和印度由于其 IT 和信息化发展水平落后，国家安全要求严格。俄罗斯和印度选择"防守型"的策略，对数据本地化要求十分严格，最大程度保障国家安全。

从上述国家对数据跨境流动不同的政策取向可出，信息技术能力是保证信息安全的重要基础，信息技术领先的国家倾向于流据跨境流动更加开放，技术落后的国家更加强调保护与限制。但即便信息技术最先进的美国，也没有绝对的信息安全，也要对数据跨境流动实行一定的管制。

统筹好发展与安全的关系，是制定我国跨境数据流动的出发点和落脚点。我国数字经济快速发展，规模位居世界第二，技术水平快速提升，已经超越了一些发达经济体，但与最先进水平仍有明显差距。这一基本国情是确定我国跨境数据流动政策取向的基础。一方面，要认识到"没有信息化就没有现代化"，要加速提高信息化水平，通过发展提升国家安全实力，另一方面，要从"没有网信安全就没有国家安全"的高度重视信息安全，守住安全底线。要深入推进信息安全思路、体制、手段创新，提高监管水平，通过更加精准的监管，促进数据跨境有序安全流动，实现高质量发展和高水平安全的良性互动。

我国跨境数据流动管理体系初步建立，但还远不完善，《网络安全法》为跨境数据流动管理提供了基本遵循，但具体的条例细则还有待细化，监管部门的权责划分与协调合作也有待完善。在探索与实践中不断完善我国对数据跨境流动的管理体系，需要做大量的工作。

一是加强研究。深入系统地研究实践中涌现出来的重大理论与实践问题，如数据权属问题、个人数据和隐私保护问题、数字税问题等等。

二是国际合作。借鉴国际经验，研究国际规则，加强国际对话，使我国对数据跨境流动的管理体系与国际规则接轨，符合国际潮流。

三是分类监管。针对不同类别的数据，根据其对发展与安全的不同影响，采取分类监管的思路与办法，宽严适度，兴利避害。

四是大胆试点。利用海南自由贸易港等开放平台，率先开展数据跨境流动管理体系创新试点，大胆探索，容错纠错，及时总结经验。

《跨境数据流动：战略与政策》是国务院发展研究中心信息中心完成的一项前瞻性研究课题。课题组深入研究了跨境数据流动对全球和我国经济发展带来的重要推动作用，对当前全球各国的跨境数据流动经验和模式进行了全面分析与借鉴，提出了新形势下构建我国跨境数据流动体系的系统化建议。

在课题成果付梓之际，谨向课题组同仁表示衷心祝贺，也真诚欢迎读者朋友对本书不吝指正，提出宝贵的意见和建议。

是为序。

2020 年 12 月

（作者为国务院发展研究中心党组成员、副主任、研究员）

序 二

构建积极稳妥的跨境数据流动政策体系

余 斌

当前信息化发展已进入万物互联的智能化时代，各行各业都在进行数字化转型。新冠肺炎疫情的爆发，进一步加快电子商务、服务贸易和线上交流的发展，数据成为各领域发展的基础性要素。相应地，畅通的跨境数据流动成为开展国际经贸和人文合作的基础性条件。

在促进全球合作的同时，跨境数据流动也会影响到国家安全、公民个人数据隐私保护和数据资源战略的实施。主要国家综合考虑本国国情，设定各具特色的战略目标、法律法规和管理体系。虽然目前存在较大差异，但各国跨境数据流动管理演进方向上开始呈现一定的共性，在强调保护国家安全和公民个人数据隐私的同时，促进商业类数据的流动。

我国应借鉴国际经验，从"没有网信安全就没有国家安全"和"没有信息化就没有现代化"两个方面去全面认识和理解国家网信战略；从数字经济发展、公民个人数据保护和国家数据主权等多方面因素来统筹考虑，制定积极稳妥的跨境数据管理战略。这需要在加快国内基础性制度建设和完善的同时，有策略地推进跨境数据流动。

在我国制度体系建设上，加快完善个人数据和隐私保护制度。建立合理有效的数据权属体系，加强数据产权保护。要基于统一的数据治理标准，对非个人数据进行分类分级管理。对于能够流通的数据，加快数据流通，发挥数据价值；对于不适于流通的数据，制定明确的管理规则。

循序渐进、分类推进跨境数据流动。在类别上，可以从我国具有一定产业优势的商业数据领域，如电子商务、工业互联网、车联网等领域放宽数据流动。在区域上，在海南自贸港、上海自贸区临港新片区、深圳大数据综合试验区等开放平台先行试点。在国别选择时，优先加强与"一带一路"国家的跨境数据合作，并根据各个国家特点，采取有针对性的政策。对东盟多国，通过双边、多边谈判，通过贸易协定或"安全协议"的方式，达成促进跨境数据流动的合作机制。对于欧盟等发达经济体，重点鼓励国内平台企业加入欧盟及其他国际跨境数据流动资格认证，以满足所在地的业务合规要求，实现跨境数据流动和经贸合作的相互支撑。

《跨境数据流动：战略与政策》是国务院发展研究中心的重点课题，由国务院发展研究中心信息中心组织开展。课题研究了跨境数据流动的重要作用，分析了全球主要国家的跨境数据流动的差异和共性，并提出新形势下我国跨境数据流动管理的战略和政策体系。我们真诚地欢迎读者朋友们对本书不吝批评、指正，提出宝贵的意见和建议。

2020 年 12 月

（作者为国务院发展研究中心党组成员、研究员）

目 录

总报告

构建综合考虑、积极稳妥的跨境数据流动政策体系

跨境数据流动对推动数字经济发展和促进国际合作都有着重要意义。然而，跨境数据流动也会影响到国家安全、公民个人数据隐私保护、国家数据战略等方面，因此，不同国家在制定跨境数据流动政策时都会综合考虑本国国情，对跨境数据流动加以限制。

为科学构建我国跨境数据流动战略，需要深入认识跨境数据流动的作用和影响，充分借鉴国际实践经验，统筹考虑跨境数据流动在我国国家战略体系中的定位，稳妥推进相关政策体系建设。

一、充分认识跨境数据流动对信息化和数字经济发展的重要意义

（一）跨境数据流动是新一轮信息技术发展的内在要求

近年来，以物联网、云计算、大数据、移动互联网等为代表的新一代信息技术，给信息化架构带来新的变革和重组。新的信息化架构下，信息资源的生命周期采集、传输、存储和处理等环节开始分离，

多个市场主体参与，分工细化，这必然要求信息更加顺畅地流动（如图1所示）。如果阻碍和限制信息资源（数据）的合理流动，将带来两个方面的不利影响：一是信息化业务系统自身的发展毫无疑问将受到抑制，因为信息化业务本身在虚拟空间并不受地理空间的限制；二是大数据和人工智能技术和产业也将无法得到充分的发展，因为这两者都需要实时的海量数据作为支撑条件。总之，当前新一轮信息化的发展，要求我们建立一个合理、有序的数据流动环境。

信息产生 物联网	信息传输 移动宽带	信息存储与计算 云计算	信息分析利用 大数据
物联网将对物体的管理纳入网络化管理中，从而使得人与整个世界都融入一个统一的管理平台	3G-4G-5G	云计算使得由物联网等所产生的海量信息资源的存储、业务处理、整合管理等问题不再成为难题	大数据技术为分析海量数据、发掘其潜在价值以及决策分析提供了可靠的技术保障

图1 新一代信息技术条件下信息资源全生命周期

（二）跨境数据流动是保障数字经济发展的重要支撑

目前数字经济已经成为很多经济发达国家的重要组成部分（见图2所示），而且数字经济在这些国家的 GDP（国内生产总值）中的比例正日益升高。从数字经济自身组成来看，跨境数据流动也将影响数字经济的发展进程。

从增长路径来看，数字经济需要通过网络扩大增长和数据积累来壮大规模，跨境数据流动将有效促进用户网络和数据体量的增长。网络价值实现方面，更多的用户接入使得用户间连接快速增长，推动网络价值以指数方式增长。数据积累方面，更多的数据能够产生更大的价值。无论是新兴的经济形态，如共享经济、新媒体、网络直播短视频等，还是较为传统的电子商务平台，都需要在经营活动中积累用户数据，通过算法分析，从而为用户定制精准化的服务和营销。为了提

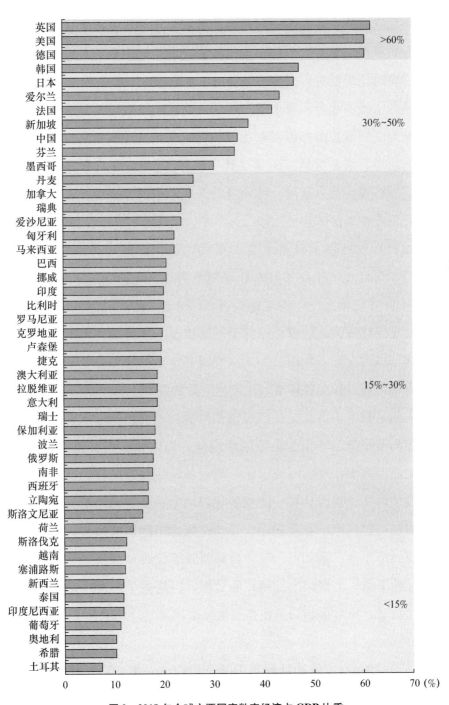

图 2 2018 年全球主要国家数字经济占 GDP 比重

资料来源：中国信息通信研究院《全球数字经济新图景（2019 年）》。

高算法的准确性，还需要积累海量的数据。这必然要求企业在全球范围内配置资源。另外，平台企业还需要获取当地用户的数据及使用权限，必要时还需要将数据传输回国内，以便于进一步分析。

从数字经济细分领域来看，跨境数据流动对数字贸易、社交媒体和产业互联网等方面都能带来积极的促进作用。数字贸易方面，无论是货物贸易、服务贸易，还是"数字服务"，都需要以数据资源建设及数据的跨境流动为基础，特别是对跨境电子商务来说，十分需要数据的跨境流动来保障业务运作。近年来，全球跨境电子商务发展迅速，对全球贸易发展带来日益重要的推动力量。以跨境网络零售为例，2018 年全球跨境电子商务 B2C 市场规模为 6750 亿美元，预计 2020 年将达到 9940 亿美元，年均增速接近 30%，远超传统货物贸易增长速度。社交媒体方面，随着全球移动网络以及智能终端的不断普及，社交媒体已成为全球多数国家和人民交流和生活的必备方式和平台。每天，人们都通过社交媒体平台生产出海量的音频、视频数据。可以说，当前人们的日常生活和交往已经离不开数据的自由流动了。因此，限制数据的跨境流动，至少会阻隔境内外人们之间的正常通信和交流。产业互联网方面，互联网技术正在推动各领域加速融合，带来全新的产业发展形态。我国具有一定发展优势的制造业、网约车、本地生活等领域已构建内部产业互联网，并正在探索国际发展模式。例如，对于共享经济平台（例如网约车、自动驾驶等行业）来说，通过建立中心化运营平台，汇聚国内外用户和数据。对这些平台而言，离开数据的跨境流动，将严重制约企业拓展国际市场。

（三）跨境数据流动是促进国际合作和"一带一路"建设的重要条件

从全球的视角来看，在当前价值链全球布局的情况下，企业的供应商和经销商往往并不在一国，产品很可能是由位于全球的多个工厂进行协作生产，跨国公司需要将各种数据汇总到本国的数据平台或数据中心，才能进行分析和优化。在当前信息化、数字化深入发展的情况下，如果数据无法实时或快速共享，跨国企业优化配置资源就无从实现。信息通信技术在世界范围的发展与应用，使得国际贸易呈现高度数字化的特征：贸易方式数字化、贸易对象数字化，这使得跨境数据流动成为国际经济合作的一个重要基础。

从我国的视角来看，十八大以后，党中央提出了"一带一路"倡议、构建"人类命运共同体"方略；当前，在数字经济时代下，如何应用信息化推进"一带一路"倡议、构建人类命运共同体，成为当前人们关注的重要问题。实际上，在应用信息化推进"一带一路"倡议、构建人类命运共同体的过程中，跨境数据流动问题是其中需要处理和解决的一个重要问题，必须充分把握其中的利益权衡关系，通过跨境数据流动推进各国数字经济发展。

二、影响跨境数据流动的限制性因素

尽管数据的跨境流动对于数字经济发展很重要，然而，要促进数据在全球的跨境流动却非易事，自由的跨境数据流动受到诸多因素的限制。这些因素主要包括以下几方面。

（一）大数据战略价值引发各国管控跨境数据流动

随着物联网、云计算、大数据、人工智能等新一代信息技术的发展和应用，大数据的经济和社会价值日益凸显，世界各国都将大数据产业上升到国家战略高度。同时，在经济全球化发展加速的背景下，跨境数据流动问题也成为各国重点管控对象。

　　为争夺大数据资源价值，美国政府最早在世界上启动国家大数据发展战略。早在 2012 年 3 月 29 日，奥巴马政府就在全球率先发布《大数据研究和发展倡议》（*Big Data Research and Development Initiative*），启动了第一批大数据研发项目。此后，美国一直大力促进大数据技术和产业发展。受美国政府战略政策的影响，欧盟、英国、日本等都制定或在相关战略中实施了相应的大数据产业发展政策。同样，我国对于大数据产业发展也高度重视。

　　全球各国不断加码大数据战略，其根本出发点在于发展本国数字经济，为数字经济发展谋求更为宽松的外部国际环境和内部催生动力。随着当前各国大力发展数字经济，全球已初步形成数字经济发展的先后梯队。

　　在当前全球数字经济格局下，领先国家积极推动跨境数据流动，谋求更广阔的国际市场，而落后国家则通过数字税、贸易保护等方式抵御国际市场冲击，谋求对本国数字经济的保护和培育。当前各国对跨境数字税收的意见有所分歧。美国为追求数字产业带来的巨大经济价值，积极推动跨境数据流动，反对针对跨国数字企业的数字服务税。而相反的是，一些国家担心跨国数字企业侵蚀本国税收利益，开始出台相关的数字税收政策。近来欧洲一些国家如法国、英国等，已经开始向美国大型互联网企业征收数字税。这些举措将对数据的跨境流动产生影响。

（二）公民个人数据保护要求对跨境数据流动加以限制

　　实行个人信息保护的理论基础，主要源自对公民隐私权、财产权以及自我信息所有权等方面的考量。长期以来，以欧盟为代表的国家都将个人数据保护视为对公民权利的重要保障。

在数字经济日益发展的大数据时代，个人数据越来越呈现出全球范围流动的趋势，个人信息保护所包含的内涵与范畴也不断扩大。欧盟在其个人信息保护的立法中率先将个人信息的境内保护延伸到境外（也可说是一种新的"长臂管辖"）。其主要内容体现在 2018 年 5 月开始实施的欧盟通用数据保护条例（GDPR）。对于个人的跨境数据流动设置了最为严格的限制条件。GDPR 的制定及其实施，对世界各国有关个人信息保护的立法与政策都产生了重要的影响。

从欧盟数据保护的发展历程也可以看到，有关个人信息和隐私保护的管理规定越来越严格，这些趋势都将会对个人跨境数据流动带来更多影响和限制。

（三）跨境数据流动日益成为国家安全的重要内容

国家安全在很大程度上依赖对信息的管理和保密，随着物联网、云计算、智能手机、个人电脑等新技术、新终端的出现，数据的生成和跨境传播变得愈发简单快速，导致了极为严峻的信息管控压力和泄露风险。

国家安全方面，为确保国家独立自主发展，对政治、经济、军事、民生等多个领域的信息都需要保密，严格管理和控制相关数据的流动。数据的跨境流动和本国数据安全之间的冲突，会明显制约数据的跨境流动。

同时，国家数据安全在一定程度上受到信息技术发展的影响和冲击。以云计算产业为例，云计算技术为各类主体提供了便捷的数据存储和计算能力，但同时也增加了国家对数据安全监管的难度。尤其是云服务通过共用计算资源、终端虚拟化等方式提供的服务，导致跨境数据流动过程中，难以追溯数据的流通路径和相关主体。面临技术冲击带来的数据流动风险，处于技术优势的国家能够通过技术管制来缓解问题，但对处于信息技术相对劣势的国家，则需要通过管理方式加强对数据流动的限制。

三、跨境数据流动管理的国际实践分析

随着数字经济的发展，跨境数据流动愈发频繁，但国际上尚未形成统一的跨境数据流动规制规则，在"良好的数据保护""跨境数据自由流动"和"数据保护自主权"的三难选择下，各国基于历史文化、产业利益、技术水平等的差异，对数据跨境传输采取不同程度的管制措施。

（一）欧盟对个人数据采取严格管控

欧盟一直主导着国际跨境数据流动问题的发展方向。早在 20 世纪 70 年代，欧盟就开始制定跨境数据流动规范；1995 年，欧洲议会和欧盟理事会颁布《关于涉及个人数据处理的个人保护以及此类数据自由流动的指令》[①]（Directive 95/46/EC，以下简称《指令》）。《指令》不仅明确了个人数据保护法律体系方面的核心规则（例如主张隐私权不容侵犯、保障人权、统一欧洲数据保护法），而且制定了国际上最具影响力的跨境数据流动规范[②]。2016 年 4 月 14 日，欧洲议会通过《指令》修改后的版本：《通用数据保护条例》（General Data Protection Regulations，GDPR），以进一步加强对欧盟数据的管理与保护，并于 2018 年 5 月 25 日正式实施。

---

① 国内也简称其为"1995 年个人数据保护指令"。
② 韩静雅：《本地化贸易壁垒法律规制研究》，对外经济贸易大学 2016 年博士论文。

　　为了处理相互间的跨境数据流动问题，欧盟与美国之间进行了反复多次的谈判。基于《指令》的"充分性标准"，双方经过谈判达成《安全港协议》并于 2000 年正式生效。但之后的"斯诺登事件"和"棱镜门计划"让很多欧盟成员国的数据保护机构纷纷质疑"安全港协议"的价值，要求根据《指令》的"充分性标准"强化相关条款。为此，2016 年年初，欧美双方重开谈判并最终发布了包含"隐私护盾"协议（下称"隐私盾"）的法律文件，以取代原来的《安全港协议》。该文件包含"充分性标准"草案、美国政府在执法过程中对隐私保护的书面承诺以及针对美国安全部门而制定的限制数据访问、保护信息的文本。

（二）美国主张跨境数据自由流动

　　由于在 IT 技术和数字经济发展方面一直走在全球前列，美国在双边和多边国际贸易协议中，一贯强调促进数据的自由流动。美国的跨境数据流动管理存在两面性。一方面，由于具有垄断性质的平台经济和云计算中心，美国倡导国际数据的自由流动。另一方面，对于美国国内数据企业向世界其他国家流动数据，美国政府却设置了诸多限制，并区分跨境流动的数据类型。美国外资安全审查机制要求国外网络运营商将通信数据、交易数据、用户信息等仅存储在美国境内，通信基础设施也必须位于美国境内，并且依据《出口管理条例》和《国际军火交易条例》分别对非军用和军用的相关技术数据进行出口许可管理，只有根据法律规定获得相应的出口许可证的提供数据处理服务或掌握数据所有权的相关主体才能进行数据出口①。

---

① 单寅、王亮："跨境数据流动监管：立足国际，看国内解法"，《通信世界》2017 年 14 期。

（三）印度等国态度积极，但措施保守

很多 IT 技术和信息化建设相对落后的国家，沿用贸易本地化措施管理数据的跨境流动问题。在这方面，印度最为典型。2018 年 4 月，印度储备银行发布通知，要求印度境内支付服务提供商将支付数据仅在印度境内存储，并提交相应的合规审计报告。同时将 2018 年 10 月 15 日确定为各公司执行"数据本地化"的截止日期。之后，印度又相继颁布了《电子药房规则草案》《个人数据保护法草案 2018》以及《印度电子商务国家政策框架草案》。上述一系列草案对数据本地化和跨境流动做出了诸多规定[①]。

（四）俄罗斯管制严格，主张"数据本地化"

一是对俄罗斯公民个人数据和相关数据必须存储在俄罗斯境内；二是处理俄罗斯公民个人数据的行动必须在俄罗斯境内发生；三是掌握相关数据的企业有义务告知和协助俄罗斯相关政府机关工作。

俄罗斯在国际市场中仍然有自己的数据流通圈。俄罗斯允许数据自由流向"108 号公约"缔约国（特指欧洲理事会发布的《关于个人数据自动化处理之个人保护公约》）和白名单国家。根据 No. 152 – FZ 联邦法案，俄罗斯监管机构 Roskomnadzor 也确立了达到数据保护充分性水平的国家白名单，虽然这些国家属于非"108 号公约"的签署国，但这些国家满足 Roskomnadzor 规定的充分性保护能力。其主要评判标准是该国是否具备有效的个人信息保护法律、是否设立了个人信息保护机构，以及是否针对违反个人信息保护法律的行为建立了有效的惩罚措施等。

---

① 胡文华等："印度数据本地化与跨境流动立法实践研究"，《计算机应用与软件》2019 年第 36 卷第 8 期。

（五）国际跨境数据流动管理模式的分析与启示

综合上述对各国跨境数据流动管理实践的梳理可以看到，各国根据数字经济发展水平、发展理念、国家利益诉求等方面的诸多差异，在跨境数据流动的管理实践中存在各自特点与彼此间差异。总结来看，国际跨境数据流动管理模式主要可划分为三种共性模式。

一是美国推崇的全球数据自由流动政策；二是欧盟主导的"外严内松"跨境数据流动政策；三是其他一些国家采取的数据本地化或限制性跨境数据流动政策。同时，每个国家都并非单一化的选择政策策略，而是在不同的方面有所侧重。

以美国、欧盟、俄罗斯三个典型国家（组织）来看。美国的政策主要倾向于数据自由流动，其次兼顾个人隐私保护和敏感数据限制。美国具有全球领先的 IT 技术和数字经济实力，为了最大化其产业利益，提倡数据能够在全球市场中自由传输。

欧盟数据政策以个人信息保护为主导，同时兼顾有条件的数据流动。对个人信息保护的重视起源于欧盟在历史发展进程中，对公民人权的高度重视。但考虑到过度严格的数据管制会对数字经济发展带来制约，欧盟又提出《欧洲数据战略》，以期打造"单一数据市场"，促进欧盟域内和各行业之间数据共享和使用，释放欧盟的数据价值，同时又能避免美国带来的技术和产业冲击。

俄罗斯的数据流动政策保守，主张"数据本地化"。这主要是由于其 IT 和信息化发展水平落后，国家安全要求严格。在技术落后、产业利益无法增长的背景下，数据的跨境流动所带来的弊端会远大于利益。因此，俄罗斯选择"防守型"的策略，以最大限度地保障国家利益。

总体而言，各国不同的跨境数据流动模式，是基于对发展本国数字经济、保护公民隐私、维护国家安全等方面综合考量后而做出的选择。

基于上述对国际跨境数据流动管理经验的分析，结合我国经济社会发展情况来看，我国应统筹兼顾数字经济发展、公民个人数据保护和国家数据主权等多方面，制定符合国情的跨境数据流动管理战略。2018 年，我国数字经济规模达到了 31.3 万亿元，占 GDP 比重为34.8%。就发展规模与速度而言，我国与美国的数字经济处在相似阶段，因此可适当考虑支持跨境数据流动。相对自由的跨境数据流动政策，有利于我国互联网企业走出去，也有利于我国海外战略的实施，对于我国的国家利益大有裨益。另外，跨境数据流动政策的制定，需要综合考量国家安全、公民隐私保护等方面因素。当前我国个人隐私保护立法体系不够健全，公民数据隐私保护认知有待提升，可以借鉴欧盟个人数据保护的经验。在推动经济发展的同时，充分保护公民个人数据，综合布局跨境数据流动战略。

四、我国跨境数据流动政策现状分析

随着数字经济发展和国外相关法律制度的变化，我国也一直在不断改革和完善跨境数据流动管理体制。我国的跨境数据流动管理制度经历了如下两个发展阶段。

第一阶段为 2017 年之前，即《网络安全法》正式实施之前。2017年之前，我国的跨境数据流动管理制度表现为行业数据管理制度的一部分。一些行业对于可以出境的数据进行分类管制，出台相应的行业数据出境管理制度特别是本地化措施。这些行业重点包括金融、电信、医疗健康、地理空间管理等重要领域。

　　第二阶段以 2017 年 6 月 1 日实施的《网络安全法》为起点。在上述分部门、分领域建立数据本地化和出境管制的基础之上，我国试图建立针对跨境流动的数据进行统一管理的制度框架，并对个人数据的跨境流动进行特殊保护。《网络安全法》是目前国家信息网络安全层面的法律，并首次从国家法律层面明确和规制跨境数据流动问题，使得整个问题的法律层级和位阶都得到大幅提升。从当前国内外数字经济发展需要和国际跨境数据流动政策的演变来看，我国在跨境数据流动问题上还面临一些问题和挑战。

（一）需充分考虑跨境数据流动与国家网信战略等国家政策的关系

　　目前人们在研究和分析跨境数据流动问题时，对数据流动的约束和规范问题关注较多，但对于跨境数据流动问题在国家网信战略（网络安全与信息化发展战略）、"走出去"战略（"一带一路"倡议）、人类命运共同体等诸多战略中的系统定位及辩证关系还需进一步考虑。同时，对数据产生、跨境流动和跨境处理等数据生命周期相关问题（如大数据产业发展、云计算中心建设等）也还需要进行综合考虑。

（二）个人数据保护规则有待细化

　　当前，我国有关个人数据保护的法律法规制度可以划分为三个方面："网络安全法"、相关条例或规章、《信息安全技术个人信息安全规范》（GB/T 35273—2020）。其中，网络安全法和相关行业性条例，对个人数据的规范和保护做出了框架性规划；个人信息安全规范着眼于操作层面，提出了一定的规范标准。目前仍需在网络安全法和个人信息安全规范等法规框架下，提出具有法律效力的细则文件，为个人数据权利提供更加有效的保障。

（三）跨境数据流动管理组织体系有待整合

首先，目前我国的跨境数据流动管理机构还比较分散。例如，网络安全由公安部门分管，网络内容由网信部门分管，网络和云计算中心由工信部门分管，大数据产业由发改和工信部门分管，电子商务由商务部、发改委和工信部（工业电子商务）分管等。其次，我国对大数据市场的管理机制还不够完善，例如虽然已在个别试点建立起数据交易和认证中心，但在全国范围内还未形成通用的数据认证标准。第三，我国目前尚未建立起政府、企业和中介机构等多方参与、协同推进的跨境数据流动推进机制。

（四）国际政策趋势制约我国数字经济的国际发展空间

国际跨境数据流动管理模式给我国互联网企业和数字经济发展的国际空间带来严峻挑战。例如，在 GDPR 开始实施后，国内众多大型互联网企业都根据其合规性要求而对原有的服务条款进行了诸多系统功能的改进和完善；同时，由于合规成本太高，国内一些中小企业只能从欧盟市场退出。再比如，根据印度数据本地化政策，抖音国际版只能在印度建立独立的云数据中心。这些都给我国的互联网企业增加不少的建设运营成本，给企业拓展国际市场带来巨大压力。

五、加快建设我国跨境数据流动管理体系的政策建议

（一）制定综合考虑的跨境数据流动战略

当前经济全球化发展趋势明显，我国对跨境数据流动的管理需求不断增加。在制定具体跨境数据流动策略时，要从"没有网信安全就没有国家安全"和"没有信息化就没有现代化"两个方面去全面、系

统地认识和理解国家网信战略。在设计跨境数据流动顶层架构时，需结合国际经验和自身国情，综合考量。具体可参考如下四条原则：一是由"内敛"向"内外兼修"转变。我国 IT 和数字经济发展应该突破内敛格局而走向外向发展局面，推进数据的跨境流动成为内在要求。二是由传统国家主权向数字经济相关的全球协作治理转变。跨境数据流动带来的经济活动将不再局限于国家内部管理范畴，而需要对相关经济活动开展跨国的合作管理，必要时还需要国际间司法协助来解决相关法律问题。三是由政府主导向多方协同治理转变。在国际数字经济领域，我国大型互联网企业势必由单打独斗走向合作联合。跨境数据流动政策将由政府一手操办走向政府与企业、行业协会等中介机构的协同治理。四是由个人数据向非个人数据的转变。要加强有关非个人跨境数据流动的制度建设。

对应于上述四条参考原则，表 1 给出了制定策略时的参考框架。

（二）建立完善严格的个人数据和隐私保护制度

一是充分认识数字经济时代个人数据和隐私保护的重要性。当前，党的十九届四中全会决议和 2020 年 3 月底发布的《中共中央、国务院关于构建更加完善的要素市场化配置体制机制的意见》，要求将数据作为一种新的生产要素并参与市场分配过程。如果不解决个人数据和隐私的严格保护问题，数据资源就难以作为一种有效的生产要素。

二是强化法律保护。首先，在宪法、民法总则等高位法中明确、提升个人数据与隐私的法律属性和层次。其次，统一个人数据与隐私保护立法，尽快颁布实施个人信息保护法，强化、落实个人数据与隐私的保护。

表 1　　　　　　　我国制定跨境数据流动政策的参考框架

	个人数据	非个人数据
出境 （流出）	1. 通过脱敏，分离出个人数据及重要数据，并要求这些数据本地化存储 2. 允许脱敏并分离之后的数据流出 3. 借鉴欧盟模式，建立我国的白名单制度，认证国内数据输出名单和数据接收方名单 4. 根据我国实际情况出台"个人数据出境安全评估办法"①及其评估指南	1. 基于行业平台，进行分类管理 2. 基于数据架构、数据治理体系及其标准化工具，评估、审查数据出境风险 3. 发展壮大有竞争力的行业平台（如工业互联网平台），允许数据流出，促进国内工业互联网平台等行业平台发展 4. 通过一些重点行业，发展、引领非个人数据即行业数据自由流动的国际标准体系
国际数据市场	1. 鼓励支持国内平台积极发展各国业务，特别是鼓励国内平台企业加入欧盟及其他国际跨境数据流动资格认证②，以满足所在地的业务合规性要求 2. 遵守所在国数据本地化要求，建设本地数据中心 3. 加强大数据和人工智能技术应用能力和水平，充分发掘数据价值	1. 鼓励支持国内平台积极发展各国业务 2. 遵守所在国数据本地化要求，建设本地数据中心 3. 积极推动中国建立的行业数据流动评估管理标准 4. 积极推进行业数据自由流动

三是修订、完善《刑法》《刑事诉讼法》《民事诉讼法》《合同法》《居民身份证法》等法律法规中有关个人数据和隐私保护方面的相关条款，并强化各行业、各领域的个人数据和隐私保护③。

四是优化政策制度。出台国家个人数据和隐私保护战略，从顶层设计层面研究制定未来个人数据和隐私保护的国家战略与规划。加快

---

① 在个人数据和隐私保护方面，欧盟模式是各国参考的重要标准，我国如果建立一套与之差别较大的做法并不现实。

② 例如欧盟的 GDPR 下的充分性认证、标准合同条款等。

③ 刘玉琢："欧盟个人信息保护对我国的启示"，《网络空间安全》2018 年第 7 期。

个人数据和隐私保护标准化体系建设，完善互联网环境下的信息收集、处理、存储、共享和管理等各过程的个人数据和隐私保护标准。

（三）加快建立非个人数据管理体系

在国内优先建立非个人数据自由流动管理制度，以规范国内正在快速发展的工业互联网平台等行业的发展，为我国制造业数字化营造有利的产业发展环境。同时，为非个人数据的跨境流动监管提供基础条件。

从未来我国非个人数据流动管理制度建设来看，有必要坚持以下若干基本原则。第一，应该有效地区分个人数据和非个人数据。第二，基于统一的数据治理标准，开展非个人数据的分类分级管理。第三，正确处理平台企业及其工业企业之间的利害关系，给予平台上工业企业以自由范围和自由处置自身数据的权利。第四，加强数据确权探索，建立合理有效的数据权属体系。

（四）构建政府与行业协同的数据管理体制

一是建立跨境数据流动综合管理机构，不断增强国际数据管控能力。为加强我国的跨境数据流动管理，需要成立专职专业监管机构。与欧盟数据保护委员会或成员国监管机构不同，我国的监管机构的职能不仅包括个人数据和隐私保护，还应该包括推进我国数字经济"走出去"、服务贸易发展等诸多发展任务要求。

二是加强行业自律体系建设，建立完善跨境数据流动治理体系。由有关部门牵头，国内 IT 和互联网企业以及金融机构、大型实体企业等组建国际数据合作联盟，在有关跨境数据流动管理、扩大全球数据管控能力等方面开展合作。

（五）加强国际合作，对"一带一路"国家制定分类合作策略

一是综合考量我国与境外国家间合作诉求，通过贸易协定、商务合规等方式推动跨境合作实质性发展。首先，针对我国与其他国家的跨境数据流动政策进行双边谈判，通过贸易协定或"安全协议"的方式，达成能够落地执行的合作策略，促进实质性数据流动和经济发展。其次，鼓励和支持我国企业通过白名单机制或国际化标准合同条款等做法开展境外市场业务，扩展业务范围，推动商业数据流通①。

二是围绕重点优势产业，开展数据国际合作。依托我国 5G 技术和信息化领先发展优势，优先在互联网医疗、工业互联网平台等领域，开展国际数据合作。

三是在特定区域建设数据港，引导沿线国家建立试点，推动相关产业发展。在上海自贸区临港新片区、海南自贸港、深圳大数据综合试验区等功能区域，建设离岸数据中心，打造若干全球数据港功能示范区。同时，引导沿线国家设立试点，以试点对试点探索合作，获得经验后再推广。

四是推动建立"一带一路"国家间的分类合作策略。根据"一带一路"沿线国家的不同情况，平衡国家间关系，对东盟、欧盟及其他国家采取差别化跨境数据流动政策。对于东盟范围内积极推动数据跨境流动政策的国家，通过双边、多边谈判，达成数据治理共识。积极参与制定东盟成员国数据合作框架，通过技术帮助与输出等方式，推

---

① 根据上海社会科学院互联网研究中心的报告，在缺乏充分性认定的情况下，欧盟还为企业提供了遵守适当保障措施条件下的转移机制，包括公共当局或机构间的具有法律约束力和执行力的文件、约束性公司规则（BCRs）、标准数据保护条款（欧盟委员会批准/成员国监管机构批准欧盟委员会承认）、批准的行为准则、批准的认证机制等。这些机制为在欧盟收集处理个人数据的企业提供了可选择的跨境数据流动机制。

动产业合作与共赢。对于欧盟等发达经济体，采取贸易协定和安全协议合作，增进跨境数据流动治理和数字经济交流，形成实质性合作。对于其他数据本地化要求严格或经济发展相对落后的国家，积极倡导合作公约。通过合作论坛、产业扶持等形式，达成数据管理共识，逐步推进跨境数据流动合作。

（六）提前布局数字税收政策研究

信息化企业通过网络业务，可以在注册地之外的地区实现营收，但这会造成营收地国家的税收流失。此外，信息化企业还能够通过在低税率地区设立常驻机构而逃避本国税收。这些"税收流失"问题近年来越发突出，已对一些数字经济发达的国家税收造成影响。随着经济全球化发展进程加快，我国也将面临数字税收问题。因此需加强对数字税收问题的研究，提前布局。

首先，当前我国数字经济稳步增长，互联网企业发展快速，过早征收数字税可能会对我国数字经济发展造成阻力。同时，考虑到需要与"一带一路"国家开展经济合作，也不宜征收数字税，否则将会造成与沿线国家间的贸易和税收摩擦。如需开展早期数字税收政策研究，可通过对现有税制的修订完善，将数字服务纳入增值税的征税范围，对数字化业务和商品进行分类界定，对指定范围内的数字产品和服务征收常规税费。

其次，当前以英国、法国等为代表的一些国家，已开始征收数字税。数字税问题已成为国际关注问题，我国应积极参与跨境数字税收的国际协商，可通过 G20、WTO 等平台，与各国协商数字税国际规则，提升国际话语权，为未来布局国际数字税收政策奠定基础。

最后，可研究构建鼓励创新、增进社会福祉的数字税收政策体系。借鉴英国"安全港"制度，对经营困难或早期的数字化企业提供低数字税率，促进本国数字化创新发展，吸引海外数字化企业入驻，繁荣我国数字经济。

执笔人：王金照　李广乾　胡豫陇　朱贤强

专题报告一

跨境数据流动的发展历程与概念内涵

一、跨境数据问题的由来与发展历程

近年来，随着全球范围内政治、经济、文化交流的日益密切，跨境数据流动的问题越来越受到关注。实际上，跨境数据流动问题由来已久，也是在经历了较为漫长的演变历程后，才形成当前的全球化认知和内涵。

欧盟作为先行的数据立法实践者，长期引领着跨境数据流动问题的发展方向。以欧盟数据立法发展过程为例，可以较为完整地看到跨境数据流动问题的演变历程。欧盟有关跨境数据流动问题的政策发展过程，划分为三个阶段：

阶段一，即为起步阶段。欧盟（欧洲地区）是最早制定跨境数据流动规范的国家和地区。早在 1970 年，德国黑森州就制定了第一部个人信息保护地方法，瑞士则于 1973 年颁布了第一部相关国家法；自 1973～1984 年间，全球共有 13 个国家制定了数据保护法，其中 8 个来自欧洲地区①。在 1981 年，欧洲理事会制定了《有关个人数据自动化

---

① 张舵，略论个人跨境数据流动的法律标准，《中国政法大学学报》2018 年第 3 期（总第 65 期）。

处理之个人保护公约》①。当然，这个时期的数据流动政策，主要还是基于纸质条件的，此时跨境数据流动管制的主要目的仅仅是加强信息跨境流动下的个人权益保护，与我们当前所讨论的基于互联网和大数据等条件的跨境数据流动问题，有着天壤之别。

阶段二，即发展阶段。在这个阶段，欧盟有关跨境数据流动问题的政策形成，包含两个方面的内容：首先是欧洲议会和欧盟理事会于1995 年颁布《关于涉及个人数据处理的个人保护以及此类数据自由流动的指令》②（Directive 95/46/EC，以下简称《指令》）。《指令》不仅明确了个人数据保护法律体系方面的核心规则（例如主张隐私权不容侵犯、保障人权、统一欧洲数据保护法），而且制定了国际上最具影响力的跨境数据流动规范。《指令》规定，禁止将欧盟成员国公民的私人资料传输至他国，除非这些国家能够对数据资料提供有力的保护，确保达到"充分性标准"③。其次是确立和规范"安全港协议"。由于以欧盟为代表的大陆法系和以美国为代表的英美法系在个人隐私数据保护方面的差异，欧盟认为美国的立法无法按照欧盟的"充分性标准"保护欧盟的公民个人隐私数据，因而要求就此问题与美国签订专门协议。为此，双方经过谈判达成"安全港协议"并于 2000 年正式生效。之后欧盟委员会通过"NO. 2000/520 决议"确认了"安全港协议"的合法性和有效性。"安全港协议"作为连接大陆法系和英美法系的桥梁，主要涵盖欧盟与美国之间有关信息传输、数据存储和使

---

① 尽管 OECD 早在 1980 年就颁布了《关于保护隐私和个人跨境数据流动指南》，并就解决个人跨境数据流动问题提出了"国内适用的基本原则"及"国际间适用的基本原则"（茶洪旺等，跨境数据流动政策的国际比较与反思，《电子政务》2019 年第 5 期），但从"国家和地区"的角度来看，欧盟的相关规定仍然是最早的。

② 国内也简称其为"1995 年个人数据保护指令"。

③ 王顺清、刘超，欧美个人数据跨境转移政策变迁及对我国的启示，《法学论坛》2017 年第 8 期。

用方面的相关议题和标准。根据"安全港协议",收集个人数据的企业必须通知个人其数据被收集,并告知他们将对数据所进行的处理,企业必须得到允许才能把信息传递给第三方,必须允许个人访问被收集的数据,并保证数据的真实性和安全性以及采取措施保证这些条款得到遵从。此外,美国商务部为实施该协议,提出了"七大原则":1. 告知原则;2. 同意原则;3. 转送原则;4. 安全性原则;5. 资料品质原则;6. 参与原则;7. 救济原则。

安全港协议(Safe Harbor)确立了折中处理美国和欧盟之间隐私手续的框架,15 个成员国都服从该协议。这意味着,加入安全港的美国企业可不经个人授权而进行数据转移,而未加入安全港的美国企业必须单独从各个欧洲国家获取授权。至此,美国企业只要加入该协议并按照要求作出相应承诺,便可将欧盟公民的个人信息传输至美国境内进行存储或处理①。

阶段三,即不断完备阶段。2013 年的"斯诺登事件"不仅让世界多数国家对美国国家信用产生极大的不信任,也让其盟友欧盟产生不信任感。这为欧盟进一步完备其跨境数据流动政策提供了理由和动力。

这种完备包含两个方面。

第一个方面就是以"隐私盾协议"取代"安全港协议"。"斯诺登事件"和"棱镜门计划"让很多欧盟成员国的数据保护机构纷纷质疑"安全港协议"的价值,要求根据《指令》的"充分性标准"强化相关条款。2015 年 10 月 6 日,欧盟最高司法机构欧洲法院在一起相关法律案件中作出裁决,宣布欧美双方所签署的《安全港协议》无效,

---

① 王顺清、刘超,欧美个人数据跨境转移政策变迁及对我国的启示,《法学论坛》2017 年第 8 期。

欧盟境内的美国公司应立刻停止其数据传输活动。2016年年初，欧美双方重开谈判并最终发布了包含"隐私护盾"协议（下称"隐私盾"）的法律文件，以取代原来的《安全港协议》。该文件包含"充分性标准"草案、美国政府在执法过程中对隐私保护的书面承诺以及针对美国安全部门而制定的限制数据访问、保护信息的文本①。

第二个方面是颁布实施"通用数据保护条例（GDPR）"。2012年，欧盟委员会通过一项提案，要求改革《指令》有关跨境数据流动方面政策。该提案不仅对上述"充分性标准"进行修改并扩大了认定"充分"保护的范畴，而且要求数据控制者和处理者采取"适当的保护措施"（Appropriate Safeguards）。这两条同时被列为允许跨境数据流动的基本条件。2016年4月14日，欧洲议会通过了《指令》修改后的版本即《通用数据保护条例》（General Data Protection Regulations, GDPR）并于2018年5月25日在欧盟成员国内正式生效实施。

二、跨境数据流动的概念与内涵

（一）跨境数据中的"数据"与"信息"

在讨论"跨境数据"问题时，有必要明确"数据"的内涵，因为不同的国家对此会有不同的称谓和用语。例如，在谈论个人的"数据"时，我国的用法和一些国家的用法是有所不同的，我国与欧盟等国家和地区的"个人数据"相类似的对应概念是"个人信息"。近年来，我国有关部门多次发布有关个人数据的相关规定和标准规范，一直使用"个人信息"而非"个人数据"的称谓，例如最新的《信息安全技术个人信息安全规范》（GB/T 35273—2020）。从国内外有关这个

---

① 王顺清、刘超，欧美个人数据跨境转移政策变迁及对我国的启示，《法学论坛》2017年第8期。

文件的界定来看，我国实际上是不区分"个人数据"和"个人信息"的，也就是说，"个人数据"等同于"个人信息"。

尽管如此，我们仍然必须明确"信息"和"数据"之间的微妙关系及其差异。实际上，"数据"与"信息"之间存在着一个梯次关系（见图1）（图1也被称为DIKW模型）。图1所示的递进关系，表明"数据"比"信息"更为根本，"数据"强调"信息"的一种更加原始的状态，保留了更多原始的"信息"，人们通过"数据"可以挖掘更多的"信息"。《德国开放数据行动计划与展望——G8开放数据宪章的实施》就认为，"信息"是所有数据的集合，"数据"是纯粹的"事实"，具有无修饰的、独立的性质，通过上下文和周围环境的相互作用，这些"数据"（或"事实"）在一个具体的、特定的背景环境下，进行释义后成为人类所定义的"信息"。因此，从这个意义上讲，相较于"个人信息"，"个人数据"更适合作为我们研究分析跨境数据流动问题的术语。不过，由于上述我国的具体使用习惯和用法，本书会在兼顾"个人信息"的基础上使用"个人数据"，对这两者并不做严格的区分。

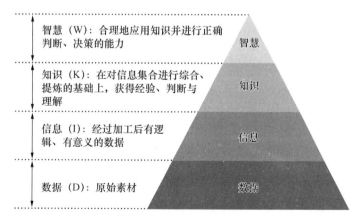

图1 数据、信息、知识与智慧之间的关系

资料来源：李广乾，《政府数据整合政策研究》，中国发展出版社2019年版。

（二）跨境数据流动的内涵界定

由于 IT 和信息化的快速发展，人们对于"跨境数据流动"的具体概念仍然没有形成一个统一权威的定义。从国际上来看，1980 年，OECD 在《隐私保护和个人数据跨境流通指南》中提出，跨境数据流动是个人数据跨越国界流动；1982 年，联合国跨国公司中心将跨境数据流动（Transborder Data Flow）界定为"跨越国界对存储在计算机中的机器可读数据进行处理、存储和检索"[①]；不久前被美国废止的 TPP 对于"跨境数据流动"做了一个非常简明的界定，即"通过电子方式跨境传输信息"。尽管 TPP 已经被废止，但是这一条款的具体规定已经成为相关国际谈判中"跨境数据流动"的范本[②]。

从国内来看，"跨境数据流动"在国内尚未成为一个专有词汇。国内一些部门文件或标准规范未明确"个人信息""个人数据"及跨境数据流动等用词含义；国内研究机构或研究人员对其界定也不一致，例如，有人认为可以从两个角度理解跨境数据流动，一种是数据跨越国界的传输和处理，另一种是数据虽然没有跨越国界，但第三国的主体能够访问[③]；还有人认为，跨境数据流动是指机器可读的数据通过互联网和信息系统跨越国家边境的运动[④]；跨境数据流动政策是指一国（或地区）政府针对数据通过信息网络跨越边境的传输、处理

---

① 石月："数字经济环境下的跨境数据流动管理"，《信息安全与通信保密》2015 年第 10 期；付伟、于长钺："美欧跨境数据流动管理机制研究及我国的对策建议"，《中国信息化》2017 年第 6 期。
② 姜疆："数字经济与主权国家的博弈"，《新经济导刊》2017 年第 10 期。
③ 石月："数字经济环境下的跨境数据流动管理"，《信息安全与通信保密》2015 年第 10 期。
④ 付伟、于长钺："美欧跨境数据流动管理机制研究及我国的对策建议"，《中国信息化》2017 年第 6 期。

活动所采取的基本立场以及配套管理措施的集合①；在"2019 网络安全生态峰会"上，上海社会科学院互联网研究中心在其发布的《全球跨境数据流动政策与中国战略研究报告》中认为，跨境数据流动是指通过各种技术和方法，实现数据跨越国境（地理疆域）的流动。

综合上述各类分析和定义，我们可以对"跨境数据流动"做一个较为明确的界定：所谓跨境数据流动就是跨越国家或地区的个人数据或非个人数据的传输、存储和应用等。在这个定义中，我们可以明确跨境数据流动的以下属性。

（1）不仅应该包括个人信息（数据），也应该包括非个人信息（数据）。因此，跨境数据流动应该包含大数据的各个方面或各个领域，例如工业互联网、智能家居、智能驾驶数据等。

（2）跨境流动的数据应该与国内数据相统一，至少应该是国内数据的子集。虽然跨境数据流动应该包括数据的输入输出，但就现实情况来看，人们主要关心本国数据被输往国外是否会给本国国民或国家利益带来不利影响。因此，所谓的跨境数据流动问题主要讨论如何对输往国外的本国数据施加各种管制措施，包括数据类型、数据属性、数据容量以及使用方向、存储位置等。

从保护个人信息和国家安全的角度上讲，若要控制跨境数据流动问题的不利影响，必须先建立完善的国内数据安全管理制度。

（3）跨境数据流动问题应该涵盖数据的传输、存储和应用等信息全生命周期。因此，云计算中心（云数据中心）在跨境数据流动问题中占据重要地位。云计算及其基于云计算中心所构建的各类平台如工业互联网平台、电子商务平台、共享经济平台和社交媒体平台等，在

---

① 王融："跨境数据流动政策认知与建议——从美欧政策比较及反思视角"，《信息安全与通信保密》2018 年第 3 期。

全球经济社会发展中正在发挥举足轻重的作用。与此同时，基于这些平台所带来的数据流动问题，也给传统的跨境数据流动问题带来更多挑战。

（三）跨境背景下的个人数据保护

个人信息的保护既包括对个人信息的国内保护也包括流动到境外个人信息的国际保护，在数字经济日益发展的大数据时代，随着数据中心在全球的建立，个人数据越来越呈现出全球范围流动的趋势。信息传播手段的发展加速了个人信息的跨境流动，也增加了个人信息泄露的风险，导致个人信息被恶意篡改、利用和买卖，对个人的隐私与人身财产安全构成威胁。因此对于个人信息的保护不再区分国别和地域，要求主权国家的法规政策对于公民流动到境外的个人信息也能起到一定的约束管制与安全保护的作用，即在个人信息保护的立法中将对个人数据的保护延伸到境外的"长臂管辖"式立法，例如欧盟的通用数据保护条例（GDPR）不仅适用于欧盟全境还适用于欧盟公民在海外的所有数据相关业务，提出了严格的限制条件。

加强个人信息保护与数字经济的治理，意味着加强对于数据流动的管制，会在一定程度上限制跨境数据的流动。若放任个人信息在全球的无限制流动，尤其是个人健康数据、金融数据等这类敏感信息，会大大增加个人信息被非法收集、利用、散播的风险，威胁个人的隐私安全，使人们的日常生活无遮挡地暴露在网络环境下，还会阻碍数据业务的开展，不利于数字经济的有序发展。因此个人数据的跨境流动需要受到限制与管理，需要构建个人信息跨境流动的安全监管体系来对跨境流动的个人数据加强审查与控制，而一旦个人数据流动受到的制约趋严、审核程序增加之后必然会对跨境数据流动的自由度与畅通度造成一定影响，数据的自由流动会在一定程度上遭遇壁垒与阻碍，甚至会对需要依托数据开展的大数据业务造成不利影响。另一方面，由于各国在跨境数据流动方面的法规政策差异性较大，造成个人信息在全球的流动缺乏稳定统一的安全环境，当个人信息从数据保护程度较高的国家向个人信息保护程度较低的国家流动时会面临较大的风险，因此保护个人信息也意味着需要协调各国的个人信息与跨境数据流动的相关法规政策，使得个人信息能够在相近的数据保护环境下安全有序流动。

三、跨境流动数据分类

一般来看，跨境数据包括个人数据和非个人数据。目前国家间协议、国内法规等，谈及跨境数据时，主要内容是指个人数据。随着数字经济的快速发展，跨境数据的内容不断丰富，逐步扩展到商业数据、政府数据等。但以当前对跨境数据分类问题研究较为深入的欧盟和美国视角来看，跨境数据分类又具有更为丰富的内涵。

（一）跨境流动数据的一般性分类

1. 个人数据

个人数据主要是指能识别自然人身份的信息，不同国家关于个人数据的具体规定存在较大差别。

1980 年经合组织最早在《关于隐私保护与个人数据跨国流通指南》提出了跨境数据流动概念，指个人数据跨出国界的活动。但关于个人数据的具体内容，不同国家的认识并不完全一致。

我国"个人信息"和"个人数据"基本通用，2016 年颁布《网络安全法》明确"以电子或者其他方式记录的能够单独或者与其他信息结合识别自然人个人身份的各种信息，包括但不限于自然人的姓名、出生日期、身份证件号码、个人生物识别信息、住址、电话号码等"。随后，在其配套法规里，进一步明确个人信息是"以电子或者其他方式记录的能够单独或者与其他信息结合识别特定自然人身份或者反映特定自然人活动情况的各种信息，包括个人信息包括姓名、出生日期、身份证件号码、个人生物识别信息、住址、通信通讯联系方式、通信记录和内容、账号密码、财产信息、征信信息、行踪轨迹、住宿信息、健康生理信息、交易信息等"。

2019 年国家互联网信息办公室制定《个人信息出境安全评估办法（征求意见稿）》增加了"个人敏感信息"定义，即"一旦被泄露、窃取、篡改、非法使用可能危害个人信息主体人身、财产安全，或导致个人信息主体名誉、身心健康受到损害等的个人信息"。随后，《信息安全技术个人信息告知同意指南》保留了对个人敏感信息的上述定义，同时进一步细化该定义，包括"身份证件号码、个人生物识别信息、银行账号、通信记录和内容、财产信息、征信信息、行踪轨迹、住宿信息、健康生理信息、交易信息、14 岁（含）以下儿童的个人信息"等。

俄罗斯在《个人数据法》中定义个人数据为"任何可以直接或间接识别自然人（数据主体）的信息"。该定义较为宽泛，在具体执行中无法及时和精准辨识是否属于个人数据，在实践中，能够被认定为个人数据的依据有两个特征：一是能够被识别出是某一特定自然人的信息；二是"这种精确的识别可以是根据数据本身或根据数据控制者所拥有的其他数据和信息"。

印度在《个人数据保护法案 2018 年草案》中将个人数据区分为

个人数据、关键个人数据以及个人敏感数据三种类型，依据个人数据类型对数据跨境传输采取有差别的管制措施。定义个人数据"指考虑到自然人的身份特征、特点、属性或者其他特征，或者这些特征的组合，或这些特征与其他信息的组合时，可直接或者间接识别出的关于自然人的或者与之有关的数据"；个人敏感数据主要包括"关乎个人的密码、财务数据、健康数据、官方标识符、性生活、性取向、生物数据、基因数据、变性人身份、双性人身份、种姓或部落、宗教或政治信仰或联盟以及保护局规定的其他类别数据"。在《个人数据保护法案 2019 年草案》中对敏感个人数据进行了修正，保留了财务数据、健康数据、官方标识符、性生活、性取向、生物数据、遗传数据、跨性别身份、双性恋身份、种姓或部落、宗教或政治信仰或联盟和数据保护局制定的其他类别数据，删除了"密码（Passwords）"。但草案中尚未定义"关键个人数据"。

新加坡在《新加坡个人数据保护法案》（PDPA）中定义个人数据是"关于个人（无论是在世还是近期已故）的数据（无论是真实与否），该数据需单独或者与机构已获取或可能获取的其他信息关联后识别出个人"，即"唯一标识符"。同时，PDPA 规定个人数据保护义务不适用于仅为商业目的的"商业联络信息"（包括姓名、职位或头衔，商业电话号码、商业地址、商业电子邮件地址或者商业传真号码）。该法案也没有给出个人敏感数据的定义。

欧盟在《通用数据保护条例》（简称 GDPR）中对个人数据的界定进行了解释说明，个人数据定义不限于"姓名、身份证号、定位数据、网络 IP 地址，也包括指纹、虹膜、医疗记录、心理、基因、经济、文化、社会身份等能直接或间接识别身份的信息"等信息，还包括"对揭示种族或民族出身，政治观点、宗教或哲学信仰，工会成员的个人数据，以及以唯一识别自然人为目的的基因数据、生物特征数据，健康、自然人的性生活或性取向"。

总体来看，一种较为普遍的观点是，个人数据主要是指涉及财务、健康、文化、生物特征以及能辨识出特定自然人的多种类别信息。

2. 商业、政府等相关数据

信息技术的发展推动数字经济的繁荣，带来数据流量不断攀升，跨境数据的内涵逐步由个人数据扩展到商业数据、政府数据等基础数据。

首先，不断扩大的物联网、人工智能和机器学习，促使传统产业逐步深度数字化，变成非个人数据的主要来源，如在自动化工业生产过程中调度部署而获得的结果，以及用于工业机器的维护需求数据等。

其次，数字技术的进步和应用，推动电子商务、社交、娱乐、传媒、金融、互联网医疗等数字化服务快速发展。产业数字化和数字化产业发展相互促进，使得农业、工业、服务业的发展均伴随着大量的数据流动需求。

（二）欧盟与美国对跨境数据的分类方式

不同的国家和地区在管制跨境数据流动时，对于数据本身往往有不同的做法。下面分别就欧盟和美国的操作进行具体的介绍，并在此基础上进行相应的分析比较。

1. 欧盟跨境流动的数据分类

我们可以从前后两个不同的阶段，去认识欧盟对于跨境流动的数据类型的划分。这个阶段的划分，以 2018 年 10 月 4 日欧洲议会投票通过《非个人数据自由流动条例》为界。

在很长的一段时期内（2018 年之前），欧盟对于跨境流动的数据类型并不怎么进行区分，因为跨境数据流动问题主要讨论的就是个人数据，其依据是"可识别"。根据 GDPR 第四条第（1）项的规定，所谓的"个人数据"指的是任何已识别或可识别的自然人（"数据主体"）相关的信息；一个可识别的自然人是一个能够被直接或间接识别的个体，特别是通过诸如姓名、身份编号、地址数据、网上标识或者自然人所特有的一项或多项的身体性、生理性、遗传性、精神性、经济性、文化性或社会性身份而识别个体。

此时，欧盟主要通过管制跨境数据流动的主体即数据的采集、传输和处理的利益方而非客体即个人数据，去管理跨境数据流动问题，其主要措施是制定并不断完善充分保护原则、标准合同文本规则、约束性公司规则等，通过对开展跨境数据流动的主体（国家或企业）进行资格认证，并通过标准化以强化欧盟公民的个人隐私保护水平。而对于这一政策思路，无论是 1995 年的"指令"还是 2018 年开始实施的 GDPR，无论是欧美之间最初的"安全港协议"还是后来的"隐私盾协议"，无不一以贯之。

2018 年 5 月 25 日实施 GDPR 之后，欧盟接着又在 2018 年 10 月 4 日通过《欧盟非个人数据自由流动条例》，将其对数据的严格管控由个人数据向工业大数据、交通数据等延伸，其目的是确保非个人数据在联盟内部的自由流动。但是，与 GDPR 比较起来，《欧盟非个人数据自由流动条例》仍然很简略，主要是一些原则性的规定，特别是对于具体包括哪些非个人数据可以自由流动，没有进行细致的规定。对于"非个人数据"，该条例只是规定，"除 GDPR 第四条第（1）项规定的个人数据以外的数据"。

不过，这种局面在 2020 年 2 月欧盟委员会所发布的《欧洲数据战略》（*A European Strategy for Data*）中有所改观，对于如何开展欧盟的非个人数据管理做了比较详细的安排，其核心包括如下几个方面。

（1）在2021~2027年期间，欧盟委员会将投资一个有关欧洲数据空间和云联盟基础设施的高影响力项目。

（2）参照已有的欧洲开放科学云，建设更多公共领域的大型云数据中心。根据《欧洲数据战略》，除了"欧洲开放科学云"之外，这些公共领域云数据中心主要包括欧洲工业（制造业）、绿色协议、出行、健康、金融、能源、农业、公共管理、技能等九个公共数据空间（见表1）。

表1　　　　　　　　　　欧盟十大公共数据空间的基本情况

编号	公共数据空间	重点业务内容
1	欧洲开放科学云	通过可信和开放的分布式数据环境和相关服务，为欧洲研究人员、创新者、公司和公民提供无缝访问和可靠的研究数据再利用
2	欧洲工业（制造业）公共数据空间	为支持欧盟产业的竞争力和业绩，允许追求制造业使用非个人数据的潜在价值（到2027年预计为1.5万亿欧元）
3	欧洲绿色协议公共数据空间	通过挖掘数据潜力，支持绿色协议在以下几个方面的优先行动：气候变化、循环经济、零污染、生物多样性、森林砍伐、合规保证等
4	欧洲出行数据公共空间	确立欧洲在智能交通系统发展领域的领先地位，既包括车联网，也包括其他交通工具的数据联网；方便当前和未来交通和出行数据库的数据获取、归集和共享
5	欧洲健康数据公共空间	保持欧盟在预防、诊断、治疗疾病方面的领先地位，作出有依据、基于证据的医疗决策以促进医疗保健系统数据的可获得性、有效性和可持续性
6	欧洲金融数据公共空间	通过加强数据共享、创新、提高市场透明度、促进可持续发展刺激金融，并为欧洲商业和更加一体化的市场提供金融准入
7	欧洲能源数据公共空间	采用以客户为中心的安全和令人信赖的方式，更有力地推动数据获取和跨行业共享，以促进技术创新和支持能源系统的去碳化进程

续表

编号	公共数据空间	重点业务内容
8	欧洲农业数据公共空间	通过处理和分析农业生产及其他数据来强化农业部门的可持续产能和竞争力,使得农场级得以实现应用精细和定制的生产方法
9	欧洲公共管理数据公共空间	聚焦于法律、公共管理流程和公众感兴趣的其他领域的数据;加强公共采购数据的管理及其质量提升;无缝访问和便捷地获得欧盟和成员国立法、法学以及有关电子司法服务的信息
10	欧洲技能数据公共空间	支持成员国制定数字证书转换计划,编制可重复使用的资质和学习机会数据集(2020—2022 年);与成员国和关键利益攸关方密切合作,为正在进行的欧洲数字证书框架建立治理模式(2022 年)

注:根据《A European strategy for data》及国内的一些翻译、介绍材料整理。

欧盟的上述发展趋势表明,跨境数据流动正包含更多的内容。一方面,越来越多地与数字经济发展联系在一起,充分地应用云计算、大数据、人工智能等新一代信息技术,并为构建"欧盟单一数据市场"提供系统的规划设计。另一方面,跨境数据流动日益跳出个人数据保护范畴,并日益表现出分类管理的特征。这一点在表 1 的"十大公共数据空间"表现得非常明显。

2. 美国跨境流动的数据分类

与欧盟一样,美国最初对于跨境流动的数据的管理主要聚焦于个人数据,并没有对各类数据进行具体分类;但与欧盟不一样的是,美国一直强调促进全球数据的跨境流动,要求各国取消本地化的限制政策,各国不得要求美国的互联网企业在其本土建设独立的云数据中心从而增加美国互联网企业的建设运营成本。

美国与欧盟在跨境数据流动问题上的最大不同在于,美国由于在西方经济世界建立了强有力甚至是具有垄断性质的平台经济和云计算中心，因此美国虽然倡导、鼓励和支持国际数据的自由流动，要求世界其他国家不要设置数据本地化障碍，但实质是不希望各国阻碍别国数据向美国的流动。同时，对于美国国内数据企业向世界其他国家流动数据，美国政府却设置了诸多限制，并区分跨境流动的数据类型。美国外资安全审查机制要求国外网络运营商将通信数据、交易数据、用户信息等仅存储在美国境内，通信基础设施也必须位于美国境内，并且依据《出口管理条例》和《国际军火交易条例》分别对非军用和军用的相关技术数据进行出口许可管理，只有根据法律规定获得相应的出口许可证的提供数据处理服务或掌握数据所有权的相关主体才能进行数据出口①。

执笔人：李广乾　陶　涛

---

① 单寅、王亮："跨境数据流动监管：立足国际，看国内解法"，《通信世界》2017 年 14 期。

专题报告二

跨境数据流动的重要意义

当前，数字经济发展已经成为国际经济的重要组成部分。一些发达国家数字经济的 GDP 占比超过 60%（英国 61.2%，美国 60.2%，德国 60.0%）[1]。我国经济进入新常态以来，GDP 增长率由之前的 10% 缓慢回落到 6% ~7%，但是在 2015 ~2018 年间，我国数字经济的发展却仍然保持 15% ~21% 的增长率（21%、20%、15%）。

与此同时，这几年来，我国数字经济在国民经济中的占比也稳步提升，从 2015 年的 27.1% 稳步提升到 2018 年的 34.8%（见图1）。2018 年数字经济发展对 GDP 增长的贡献率达到 67.9%，同比上升 12.9 个百分点，超越部分发达国家水平，成为带动我国国民经济发展的重要动能。

数字经济时代，数据资源被人称为"第四生产要素"，成为新的经济发展的动力源泉，世界各国都希望能够控制并利用更多的数据资源以创造更多的市场价值。数据的跨境流动能够更加快速和有效地推动国家进步，促进经济全球化发展进程。

---

[1] 中国信息通信研究院：《全球数字经济新图景（2019 年）》。

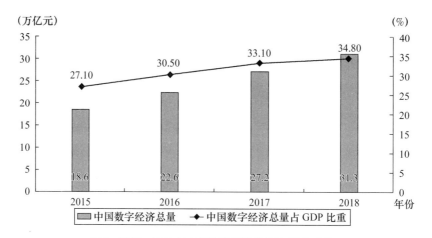

图1　2015～2018年中国数字经济总量及GDP占比
资料来源：中国信息通信研究院《中国数字经济发展与就业白皮书（2019年）》。

一、数字经济的全球化增长需要加快跨境数据流动

数字经济已经成为很多经济发达国家的重要组成部分，而且数字经济在这些国家的GDP中的比例正日益升高。从经济全球化的需求来看，跨境数据流动能够有效推动经济全球化的发展。从数字经济自身组成来看，跨境数据流动也将影响数字经济的发展进程。

数字经济包含的范围非常广泛，从分析跨境数据流动对我国数字经济发展影响的角度出发，重点分析跨境数据流动对以下几个方面的作用和影响。

（一）数字贸易

根据所涉及的贸易内容，有人将数字贸易划分为三个层次[①]：第一层，以货物贸易为主，认为数字贸易等同于（跨境）电子商务；第

[①]　中国信息通信研究院：《数字贸易发展与影响白皮书（2019）》。

二层，加入了图书、影音、软件等最常见的数字产品，开始涉及服务贸易领域；第三层，加入了"数字赋能服务"，如电信、互联网、云计算、大数据等数字经济时代的新兴产业。从这三个层次来看，都以数据资源建设及数据的跨境流动为基础，特别是对跨境电子商务来说，如果限制数据的跨境流动，对全球跨境电子商务的限制作用几乎是不可想象的。实际上，近年来，全球跨境电子商务发展迅速，对全球贸易发展带来日益重要的推动力量。以跨境网络零售为例[①]，2018年全球跨境电子商务 B2C 市场规模为 6750 亿美元，预计 2020 年将达到 9940 亿美元，年均增速接近 30%，远超传统货物贸易增长速度（见图 2）。

（10 亿美元）

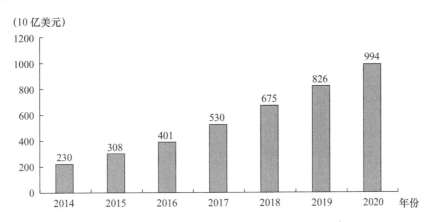

图 2　全球 B2C 跨境电子商务市场规模（2014—2020 年）
资料来源：中国信息通信研究院《数字贸易发展与影响白皮书（2019）》。

实际上，就当前全球跨境电子商务发展情况来看，发展中国家要比发达国家的增长速度更快[②]。所以，限制跨境数据流动势必对发展中国家的信息化和数字经济发展带来更大的阻碍作用。

---

①② 中国信息通信研究院：《数字贸易发展与影响白皮书（2019）》。

（二）社交媒体

近年来，随着全球 4G 网络以及智能终端的不断普及，社交媒体成为全球多数国家和人民交流和生活的必备方式和平台。目前，我国的微信平台已经成为国人日常生活交往的首选工具和渠道，人们几乎可以在微信上开展任何生活方面的事务和交易。腾讯公布的 2019 年第一季度财务报告显示，微信月活跃用户数量突破 11 亿；截至 2019 年底，Facebook 已经拥有 24.5 亿月活跃用户；根据《2019 抖音数据报告》，截至 2020 年 1 月 5 日，其全球日活跃用户数也已经超过 4 亿。

每天，人们都通过社交媒体平台生产出海量的音频、视频数据。与当前的社交媒体产生的海量数据相比，之前的手机语音和短信所产生的数据量已经不可同日而语了。可以说，当前人们的日常生活和交往已经离不开数据的自由流动了。所以，限制数据的跨境流动，至少会阻隔境内外人们之间的正常通信和交流。

（三）工业互联网与工业互联网平台

到目前为止，人们在讨论跨境数据流动问题时，仍然主要关注个人信息（社交媒体数据）和以电子商务为主要内容的数字贸易，对于工业互联网及工业互联网平台数据流动问题还没有给予切实的关注。但实际上，工业互联网与工业互联网平台对于跨境数据流动问题所带来的影响和挑战，将远超上述的社交媒体和数字贸易。

尽管工业互联网早在 2011 年就已经被提出来并受到人们的广泛关注，但并没有引起人们的高度关注，直到 2015 年美国通用电气公司（GE）和德国政府几乎同时分别提出建设自己的工业互联网平台和工业 4.0 平台。实际上，以物联网、云计算、大数据和移动互联网等为代表的新一代信息技术有效地克服了传统信息技术的局限性：

一方面，物联网极大地拓展了数字化信息化的应用管理范畴，将机械设备、仪器仪表以及产品生产制造流程的各个过程，都接入信息管理系统并实现远程智能控制；另一方面，云计算、大数据和移动互联网技术等，使得企业信息系统建设成本更低、效益更高、运行速度更快、覆盖面更广。这些技术进步为工业制造业全面系统的数字化、信息化、智能化建设提供了基础条件，工业互联网平台建设也就水到渠成。

工业大数据将从根本上改变网络空间的数据传输的基本格局，使得工业互联网平台给跨境数据流动带来新的问题、新的挑战。

所谓的工业大数据，指在工业领域里，在生产链过程包括研发、设计、生产、销售、运输、售后等各个环节中产生的数据总和，主要包括三种类型：一是生产经营相关数据，主要存储于企业信息系统内部，涵盖传统工业设计和制造类软件、客户关系管理（CRM）、供应链管理（SCM）、产品生命周期管理（PLM）等；二是设备物联数据，主要包括物联网运行模式下工业生产设备和目标产品实时运行数据、设备和产品运行状态相关数据；三是外部相关数据，主要涵盖与工业主体生产活动和产品相关的企业外部数据[1]。具体来说，这些数据主要分布在产品生命周期过程中的五类场景中（见图3）。

工业互联网平台给跨境数据流动所带来的挑战和问题主要包括这几个方面。首先，产品生命周期的各个阶段都会面临跨境数据流动问题的限制。其次，工业大数据往往要比社交媒体数据和数字贸易数据大得多得多。例如，一架飞机在12个小时的飞行中所产生的数据多达844TB![2] 因此，工业大数据对于网络传输的要求比上述的社交媒体数

---

① 中国信息通信研究院：《大数据白皮书（2019年）》。

② 海川："边缘计算方兴未艾"，《新经济导刊》2018年11期。

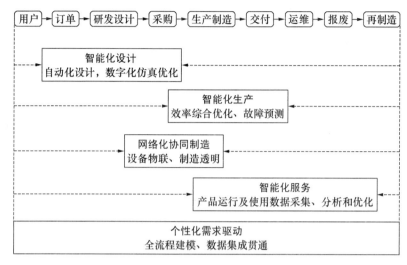

图3 工业大数据典型应用场景

资料来源：中国电子技术标准化研究院《工业大数据白皮书（2019版）》。

据和数字贸易数据更高。当前正在开展的5G网络建设，将不断缓解工业互联网发展所需要的网络传输的限制，另外有关边缘计算技术的发展也将有助于缓解这种限制。再次，对于很多接入工业互联网平台的企业生产线来说，其网络连接和数据传输是一刻也不能中断停止的。所以，对工业大数据的任何限制都将给工业互联网平台及其联网产业条线和流程带来重大的影响。因此，工业互联网平台将之前的全球化推向一个更高的程度，使得资本、技术、人力资源、市场等诸多要素都被一个虚拟的平台融合到一起。最后，工业互联网平台的建设方、应用方、为平台提供各类服务的第三方等，在数据采集、传输、存储、应用等诸多问题上都会产生经济利益上的矛盾，从而使得跨境数据流动问题变得更加的复杂。

上述工业互联网及工业互联网平台的发展所带来的诸多问题，是未来我们在思考跨境数据流动问题时，必须严肃对待的一个新的问题。

（四）产业互联网

当前，与跨境数据流动问题密切相关的，还有产业互联网的发展。产业互联网是我国信息化和数字经济发展过程中的一个特有概念，具有显著的中国数字经济发展特色。

经过 20 多年的发展，我国的电子商务行业已经基本成熟，形成由一家或几家电子商务平台垄断或寡头垄断的局面。每家平台都占据了相应的市场地位，并发展了自己独立的物流体系和电子支付体系及其他的服务体系，具备强大的市场竞争力，几乎不可能被其他市场主体打败，从而成为市场巨无霸。

从 2013～2014 年开始，人们普遍认为，以百度、阿里和腾讯（简称 BAT）为代表的传统的电子商务发展模式（有时也被人称为"野蛮生长模式"）走到了尽头，我国的信息化需要走产业互联网的道路，要将信息化融入各行各业中去，在 BAT 之外开辟信息化发展的新路子。因此，最初的产业互联网实际上是去"BAT"的。

但是，这个产业互联网本身的意义并不明确，主要症结就在于能否跟 BAT 脱钩？能否在 BAT 之外，发展出新的平台经济模式？从这几年的发展实践来看，目前人们所倡导的所谓产业互联网，更多的是基于 BAT 平台的电子商务经济的迭代升级而已。因此，产业互联网"去 BAT 化"几乎是不可能的。实际上，2016 年阿里和京东所提倡的"新零售""新制造"等概念就与产业互联网相类似；而从 2018 年开始，腾讯公司干脆就直接高举"产业互联网"的大旗，希望通过自身强大的用户接入能力和云计算、大数据与人工智能资源和能力水平，融入、颠覆各行各业。

从这几年产业互联网的发展形势来看，基本趋势就是各行各业的"双创"企业通过接入 BAT 平台或与 BAT 开展多种形式的合作，开展各自行业的信息化业务创新。例如，正在各地快速发展的外卖等。外卖极大地改变了传统餐饮行业发展模式，使得之前的连锁加盟模式发生重大变化。再比如，这些年发展起来的以共享单车为代表的共享经济，也大多采取这样的发展模式。

产业互联网所带来的跨境数据流动问题，与其平台经济发展模式密切相关。例如，对于很多共享经济平台（例如，共享单车、网约车、智能家居、自动驾驶等行业）来说，通常是建立一个总部、一个云技术中心、一个运维平台、在国外成立市场应用推广团队的模式，国外用户接入平台后，数据随时传至国内的云计算中心和运维平台之上。对这些共享经济平台而言，离开数据的跨境流动，是无法开拓国际市场的。因此，跨境数据流动决定共享经济发展前景。

二、信息产业发展需要借助跨境数据流动拓展新空间

目前，各国在谈论有关跨境数据流动问题时，大多是基于数据流动问题本身去论述，而没有从更为基本的信息化体系架构去分析，因而对于这个问题的基本价值也就缺乏深刻认识和理解。

数据流动是大数据生命力及其价值的基础，也是信息化发展的基本要求。实际上，我国早在1997年就建立了科学合理的信息化体系架构，即"信息化7要素论"①。"信息化7要素论"从国家信息化体系的角度去认识信息化架构，将"发展信息技术和产业""建设国家信

---

① 1997年召开的全国信息化工作大会发布了我国政府对于信息化的认识架构，当时由于尚未体验到信息网络安全问题，因而在这个信息化认识架构中，没有"信息网络安全"问题，所以当时也叫"信息化6要素论"。不过，从现在来看，"信息网络安全"应该是信息化认识框架的一个重要组成部分。具体内容，可以参考李广乾：《政府数据整合政策研究》，中国发展出版社2019版。

息网络""开发利用信息资源""推进信息化应用""发展培育信息化
人才""制定和完善信息化政策"综合为一个体系（见图 4），由国家
统筹以实现协调发展。

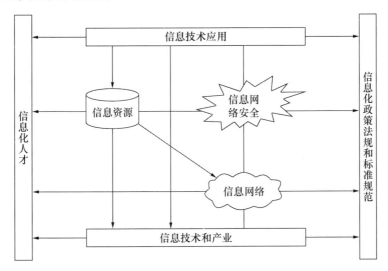

图 4　信息化七要素

资料来源：吕新奎主编，《中国信息化》，电子工业出版社 2002 年版。

在上述的"信息化 7 要素论"中，综合协调发展至关重要，牵一
发而动全身。实际上，正是由于我国能够坚持信息化的这种综合协同
发展理念，长期以来信息化才给我国的经济社会发展提供了极大的推
动力量。我们也可以将这种信息化对经济社会发展的综合推动作用称
为"信息化红利"①。

在这种信息化协调发展体系中，"信息资源"占据核心位置，是
信息化建设的重要内容。如果人为地阻止信息资源的合理的自由流
动，信息化体系架构也就无法得到有效运转，信息化对于经济社会发
展的推动力量也就无法发挥。

---

① 李广乾："轻装信息化是理解数字经济发展的技术基础"，国务院发展研究中心调查研究
报告（2018）第 212 号（总 5487 号）。

近年来，以物联网、云计算、大数据、移动互联网等为代表的新一代信息技术，给信息化架构带来新的变革和重组。特别是当前，由于出现了信息化建设与信息化应用的分离，信息化应用机构或个人似乎感受不到信息化建设的任何负担，从而出现了"去信息化"的假象①，这也使得人们往往从某项具体的创新技术（新一代信息技术）去认识当前的信息化和数字经济的发展。但实际上，从本质上讲，这些新一代信息技术其实都在围绕着信息资源的生命周期（信息化元模型）而融入新的信息化架构（即轻装信息化）中（见图5）。

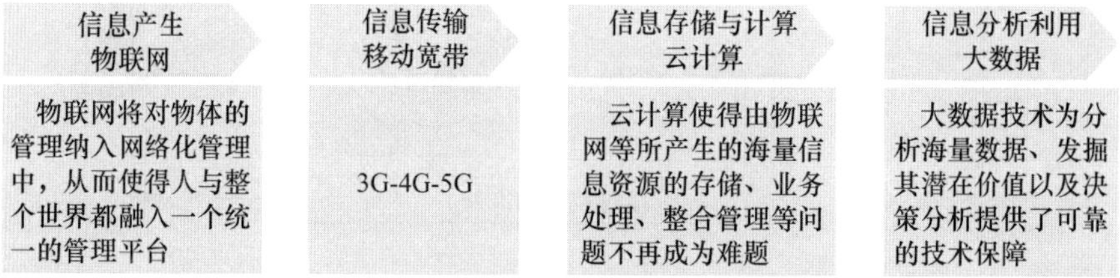

信息产生 物联网	信息传输 移动宽带	信息存储与计算 云计算	信息分析利用 大数据
物联网将对物体的管理纳入网络化管理中，从而使得人与整个世界都融入一个统一的管理平台	3G-4G-5G	云计算使得由物联网等所产生的海量信息资源的存储、业务处理、整合管理等问题不再成为难题	大数据技术为分析海量数据、发掘其潜在价值以及决策分析提供了可靠的技术保障

图5 信息化元模型

因此，从上述分析我们发现，信息化业务出现在哪里，信息资源（数据）也就会出现在哪里。所以，阻碍、限制信息资源（数据）的合理流动，将带来两个方面的影响：一是信息化业务系统自身的发展毫无疑问将受到抑制，因为信息化业务本身在虚拟空间并不受地理空间的限制；二是大数据和人工智能技术和产业也将无法得到充分的发展，因为这两者都需要实时的海量数据作为支撑条件。总之，当前新一轮信息化的发展，要求我们建立一个合理宽松的数据流动环境（见图6）。

---

① 李广乾："轻装信息化是'互联网＋'的本质属性"，载于国务院发展研究中心课题组：《"互联网＋"的支撑环境研究》，中国发展出版社 2017 年版。

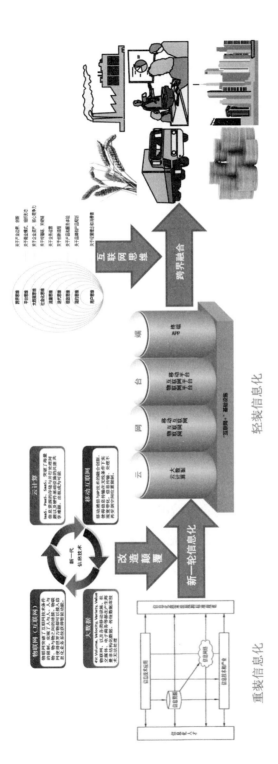

图 6　轻装信息化

三、构建人类命运共同体需要依托跨境数据流动

十八大以后，党中央提出了"一带一路"倡议、构建"人类命运共同体"方略；当前，在数字经济时代下，如何应用信息化推进"一带一路"倡议、构建人类命运共同体，成为当前人们关注的重要问题。实际上，在应用信息化推进"一带一路"倡议、构建人类命运共同体的过程中，跨境数据流动问题是其中需要处理和解决的一个重要问题，必须充分把握其中的利益权衡关系，通过跨境数据流动推进各国数字经济发展。

近年来，我国互联网企业发展迅速，在电子商务、社交媒体以及工业互联网发展方面，都已经取得了一定的成绩，在世界互联网产业占据有利地位。根据《财富》于 2019 年 7 月 22 日发布的世界 500 强排行榜，全球上榜的互联网相关公司共有 7 家，其中中国公司有 4 家，分别是京东、阿里巴巴、腾讯和小米；美国公司有 3 家，分别是亚马逊、谷歌母公司 Alphabet 和 Facebook。

就目前我国数字经济发展情况来看，以下两个方面要求我们施行利好跨境数据流动的政策。首先，当前世界多数国家中小企业居多，缺乏大型互联网企业，特别是对于"一带一路"沿线国家来说，多数国家的信息化发展能力和水平落后，信息基础设施建设不足。这对我国互联网企业发展来说，是一个巨大的发展机遇。其次，当前"一带一路"的多数沿线国家的数字经济发展迅速，是我国跨境电子商务发展的业务重点。中国电子商务研究中心的监测数据显示，2008 年到 2017 年十年时间内我国跨境电子商务交易规模总额从 0.8 万亿元增长到了 7.6 万亿元，年均复合增长率超过 20%。在所有与我国开展跨境

电商贸易的国家中，"一带一路"沿线国家占有很大比重。阿里研究院（2017）公布的数据显示，注册使用阿里速卖通的沿线国家用户数量逐年飙升，2016 年在全球用户中占比已经超过 45%。国内另一个 B2B 出口平台敦煌网的数据也显示，2016 年"一带一路"沿线的 65 个国家中有 26 个国家销售额同比提高了 30% 以上。因此，在当前数字经济发展迅速的情况下，对跨境数据流动施加过多限制措施，将给我国互联网企业开拓国际市场、应用信息化加快"一带一路"沿线国家经济社会发展、推进人类命运共同体建设，带来不利影响。

执笔人：李广乾　陶　涛

专题报告三

制约跨境数据流动的因素

随着数字经济的发展，跨境数据流动愈发频繁，但国际上尚未形成统一的跨境数据流动规则。在面对"良好的数据保护""跨境数据自由流动"和"数据保护自主权"的三难选择下，各国基于历史传统、文化水平、产业利益等差异的考虑，对跨境数据流动问题有着不同的态度和应对策略。

一、国家网络信息安全要求限制跨境数据流动

随着物联网、云计算等新技术的出现，以及智能手机、平板电脑和个人计算机普及率提升，大量数据迅速生成和聚集，在国家之间流动的数据量出现了爆炸性的增长。由于大数据技术具有规模宏大的数据总量、快速流转的数据传送速度和动态的数据体系形式、多样的数据存在类型和巨大的数据使用价值等特征，数据安全成为国家网络安全战略的重中之重。跨境数据流动带来的数据安全问题超越了传统上以国土疆界为界限的安全概念。因此学者们提出了"信息主权""数据主权"等概念来定义国家在网络领域中的主权安全问题。由于概念

内涵相近，在这一部分中将这些概念统称为"数据主权"。

在数据主权的视角下，如何调和数据的跨境流动和本国数据主权完整和数据产业发展之间可能的冲突这一问题便自然而然地浮现出来。一般认为，由于数据主权在跨境数据流动的过程中不可避免地会受到侵犯，各国在国际网络安全战略的顶层设计时应该进行跨境数据规制。但我们应该看到的是，数据主权与跨境数据规制在一定程度上和各个国家的实际技术水平有着紧密的逻辑联系。越是处于信息技术相对劣势的状态，对于数据控制权的诉求也就越是强烈。就目前而言，有关数据主权与跨境数据规制的核心问题是国家是否对本国数据具有排他性的最高控制权。这涉及世界各国数据产业能否独立、自主发展。各国均已认识到数据资源的无限潜力，信息强国凭借自己的技术优势已经尝到了数据资源带来的福利，绝大部分已经出台了发展、保护本国数据资源的相关政策与法律，力求在数据争夺战中能够主导信息主权制定的大方向。

因此，由于不同国家技术水平不同、数据产业发展程度不同，在跨境数据流动及其规制上也出现了不同的立场。美国为实现信息霸权主义，积极宣扬网络空间的"去主权化"。美国虽然宣称网络空间属于全球公域，国家不应该在网络空间行使国家主权，但实际上美国的目的是为了获取这些没有明确国家属性的网络空间内的资源与权力，在这些空间内建立国家霸权。"棱镜门"和"维基解密"等诸多事件中暴露出来的信息，向世界展示了美国是如何通过全球信息基础设施和信息大型企业向全世界开展信息收集和情报监控工作的。美国的数据情报网覆盖全球，通过情报网，美国可以收集、拦截信息。而俄罗斯作为信息技术的新兴国家，则采取了严格的管控措施维护数据主权，进行了刚性的禁止流动模式。俄罗斯通过国际合作和法制化规定两种渠道确立了自身数据主权不可侵犯的崇高地位。澳大利亚也同样出台了严厉的数据管制措施。更多的国家和地区则采用了折中的、弹性的跨境数据管制措施，如欧盟、韩国等。相较于俄罗斯、澳大利亚那样刚性管制，这些国家与地区主张在特定情形下解除对数据流动的禁止。从欧盟的层面上来看，很多国家的数据保护法都包含跨境数据流动条款，这本身就属于单边跨境数据流动规制。而欧盟层面的规制与各国数据保护法规制对象虽然一致，但规则目标却存在差别。数据保护法的出台主要是为了保护数据主权不受侵犯，而欧盟跨境数据流动规制则在此基础上确保合理的数据流动。

二、个人隐私保护需要限制跨境数据流动

个人信息和隐私保护一直是跨境数据流动政策的核心内容。实际上，无论是欧盟的《95 指令》和 GDPR，还是"安全港协议"和"隐私盾"，都是围绕个人信息和隐私保护而展开的，要求针对欧盟境内的公民个人信息的采集、传输、加工处理和分发使用等，必须满足一整套的准入规则和管理规范。例如，无论是"安全港协议"还是"隐私盾"都制定了各自的七大数据保护原则，而且一个比一个严格①。

而且，从欧盟数据保护的发展历程来看，有关个人信息和隐私保护的管理规定②越来越严格、程序越来越繁琐、管理越来越琐碎，企业运营成本越来越高。这些趋势势必对未来的国际数字经济发展带来不利影响。

---

① 罗力："美欧跨境数据流动监管演化及对我国的启示"，《电脑知识与技术》第 13 卷。
② 当然，由于欧盟和美国分别主张不同的法律体系，双方在有关跨境数据流动问题上的具体做法和严格程度还存在着较大的差别。

随着大数据和人工智能技术和产业的进一步发展，近年来人们对于跨境数据流动的规制范围正在以个人信息和隐私保护之外的多种形式不断扩展。

三、大数据战略价值引发各国争夺数据资源

随着物联网、云计算、大数据、人工智能等新一代信息技术的发展和应用，大数据的经济和社会价值日益凸显，各国的大数据规模出现快速发展势头[①]（见图1）。

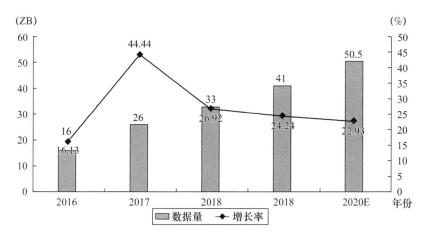

图1　全球每年产生数据量及其增长率估算图

数据来源：中国信息通信研究院《大数据白皮书（2019年）》。

大数据分析技术让多样的海量数据规模能够全面系统地向人们提供一个国家经济社会发展的实时、真实的信息。实际上，大数据技术的发展使得个人隐私、企业商业秘密甚至是国家安全都更容易暴露在世人面前。随着信息化的深入发展和日益广泛的应用，人们的生活、

[①] 虽然22%的增长率对我国来说不算太高，但考虑到全球GDP的3%左右的增长率，这个增长率确实比较高了。

工作等各个方面的信息都被记录在各公共或私人机构的业务系统中，如果将这些信息综合到一个大数据分析系统中，人的所有行踪和变化几乎都能很容易地被他人所监控，因此，在网络世界，人越来越成为一个"裸奔的人"，毫无隐私可言。重要的是，如果这些大数据分析系统为国外机构所有，那么对于一国安全来说显然是不可想象的。如果那样的话，国家也便成为"裸奔的国家"。从这个意义上讲，大数据资源也就与国家主权联系在一起了，因而成为国家战略竞争与国际竞争力的重要内容和发展方向。

为此，美国政府最早在世界上启动国家大数据发展战略。早在2012年3月29日，奥巴马政府就在全球率先发布《大数据研究和发展倡议》（*Big Data Research and Development Initiative*），启动了第一批大数据研发项目，接着在2013年11月启动第二轮大数据研发项目。此后，美国一直大力促进大数据技术和产业发展，例如，在2014年5月1日，美国政府发布《美国白宫：2014年全球"大数据"白皮书》[①]；2016年5月，美国发布《联邦大数据研发战略计划》（以下简称《计划》）。这是继2012年3月奥巴马政府发布《大数据研究和发展倡议》后的又一个国家大数据战略性文件[②]。受美国政府战略政策的影响，欧盟、英国、日本等都制定或在相关战略中实施了相应的大数据产业发展政策[③]。

同样，我国对于大数据产业发展也给予了高度重视。早在2015年就发布了《国务院关于印发促进大数据发展行动纲要的通知》（国发〔2015〕50号），在后来的各大信息化和数字经济发展的相关文件中，

---

① 中国电子技术标准化研究院：《大数据标准化白皮书 V2.0》。
② 贺晓丽："美国联邦大数据研发战略计划述评"，《行政管理改革》2019年第2期。
③ 中国信息通信研究院：《大数据白皮书（2019年）》。

都会编制大数据技术和产业发展计划和项目①。在诸多国家大数据产业促进政策的支持下，近年来我国大数据产业发展迅速（见图2），2021年前其年增长率都将在20%以上。大数据与物联网、云计算、智慧城市等各领域加速融合，数字经济发展获得坚实的技术支撑，对国民经济和社会发展的创新驱动、融合带动作用显著增强。

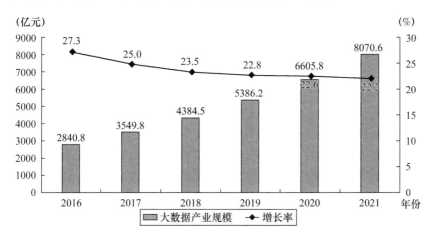

图2　2016～2021年中国大数据产业规模及预测

数据来源：中国电子信息产业发展研究院大数据产业生态联盟《2019中国大数据产业发展白皮书》。

作为完整的国家大数据战略和政策的一个必要组成部分，跨境数据流动问题自然会成为世界主要经济大国的重点关注对象。出于各自利益考虑，各国大数据战略中的跨境数据流动问题的政策方向毫无疑问会有所差异。

四、国际税收竞争对跨境数据流动的影响

由于各国数字税收政策存在争议，缺少协调和沟通，这就形成跨

①　李广乾：《政府数据整合政策研究》，中国发展出版社2019年版。

境数据流动的实质性障碍。

美国是数据跨境自由流动的积极推动方。研究（Cory，2017）认为，消除外国数字贸易壁垒将使美国国内生产总值增加 16.7 亿～41.4 亿美元。美国作为谷歌、苹果等跨国数字企业巨头的母国，反对针对跨国数字企业的数字服务税（DST）；美国学者肯尼迪（Kennedy，2019）认为 DST 征税理论基础——用户创造价值的观点是错误的："随着经济数字化的发展，越来越多的商品和服务可以跨境交易（就像制造商品的长期交易一样），一些国家担心使用数字技术的外国公司会导致损失本国产品竞争力，并因此而减少其营业税收入。这些国家中的许多国家并没有着眼于提高国际竞争力，而是寻求方法对外国公司的收入征税，依靠用户创造价值的错误推理，使这些国家有理由对这些公司从其居民那里获得的收入征税。""用户创造价值的定义是错误的。即使在最数字化的市场中，大多数价值还是由公司而非用户创造的，这就是为什么大型数字公司雇用数十万名工人（就像传统公司一样）来创造价值的原因。"他还提出，国际社会应在一个多边框架中共同努力以拒绝数字服务税。如果缺乏这样的程序，美国应向世界贸易组织准备贸易申诉。

欧盟虽然没有世界排名靠前的跨国数字平台企业，但却是跨国数字企业的重要市场，所以欧盟积极推动数字税收的制定，来避免税基的侵蚀和税收的流失。脱欧之后，英国征收的数字服务税预计每年产生约 8700 万英镑（1.13 亿美元）税收收入。到 2025 年的财政年度结束，会产生高达 5.15 亿英镑的额外年收入。特别是欧盟和英国等国近年来经济增长缓慢，支出刚性增长，对这些国家的政府来说，数字服务税具有巨大的吸引力。但是，针对法国的数字服务税，美国于 2019 年 7 月，由贸易代表办公室发起 301 调查进行反制。

五、多方关注促使跨境数据管理日益严格

在数字经济日益发展的国际经济社会环境下，个人信息保护的这种境内、境外的区分变得更加模糊。针对这种趋势，欧盟在其个人信息保护的立法中率先将个人信息的境内保护延伸到境外（也可说是一种新的"长臂管辖"）。其主要内容体现在 2018 年 5 月开始实施的欧盟通用数据保护条例（GDPR），这被看作是史上最严厉的个人信息保护政策，对于个人的跨境数据流动设置了最为严格的限制条件。

GDPR 的制定及其实施，对世界各国有关个人信息保护的立法与政策都产生了重要的影响。围绕政府、信息服务企业以及个人等各方主体在个人信息生命周期过程中的权利、义务和责任，人们将国际上有关个人信息保护政策划分为三种模式（见表 1）。

我国也很关注个人信息保护问题，并将其纳入跨境数据流动问题一起考虑。在 GDPR 实施之前，我国已经颁布实施了有关个人信息保护的相关规定，例如 2012 年生效的《全国人民代表大会常务委员会关于加强网络信息保护的决定》、2013 年生效的《电信和互联网用户个人信息保护规定》（工业和信息化部令第 24 号）、2017 年生效的《网络安全法》等法律法规，界定了电信和互联网行业用户个人信息保护的概念，提出了具体的保护措施和罚则。GDPR 实施之后，为落实《网络安全法》和应对 GDPR 的新挑战，我国对个人信息保护修订了相应的标准规范[1]，对此问题进行了细化和调整，特别是参考 GDPR 的相关内容强化有关个人数据的跨境流动问题。

---

[1]　中国信息通信研究院：《电信和互联网用户个人信息保护白皮书（2018 年）》。

表1　　　　　　　　　　　个人信息保护的三种模式

模式名称	欧盟模式	美国模式	日本模式
核心特点	政府主导下的严格立法和统一监管	行业驱动与规则塑造下的多方博弈	政府主导、行业自律混合模式
基本特点	有关个人信息保护的法律法规（主要是"通用数据保护条例"即GDPR）具有强制实施效力，构建了一套完善的个人信息保护体系，能够直接适用于欧盟全境。在保护范围、用户权利、隐私政策制定、数据控制者义务等诸多方面，都制定了严格的规定	政府和企业呈现出充分合作、灵活博弈的关系。政府十分重视市场调节作用，通过对行业组织赋权并支持其开展管理活动，发挥行业自律的作用	日本的个人信息保护有其独特经验，其个人信息保护立法主要参考欧盟，行业规范主要依据美国，通过"政府主导、行业自律"混合模式充分发挥地方公共组织和行业协会的作用。

资料来源：本表基于中国信息通信研究院《电信和互联网用户个人信息保护白皮书（2018）》整理。

　　基于上述各国有关个人信息保护情况来看，国际上有关跨境数据流动问题的态度和政策，初步形成"1对N"的局面："1"是指美国，要求各国废除有关数据本地化存储的规定；"N"是指世界多数国家在GDPR的影响下，纷纷起草制定各自的（限制）数据流动的制度。不过，一些国家在有关主权问题上，与GDPR的做法又有所不同，未来如何演变仍然扑朔迷离。

　　受"斯诺登事件"和GDPR的作用和影响，近年来跨境数据流动问题成为国际上一个重大的问题。首先，从欧盟来看，GDPR虽然仍然关注的是个人信息隐私保护，但其涉及的主题却已经超出商业范畴，从而向其他主题靠拢。例如，与《指令》的"安全港协议"相比，GDPR及"隐私盾"不仅涵盖商业领域，也将国家安全部门访问私人数据纳入其中，从而强化了数据主体和数据主权的概念。此外，

GDPR 还衍生出个人信息安全管理方面的域外管辖权，从而给世界其他国家和地区的跨境数据流动政策带来不利影响。这也就意味着，在对欧商贸中，只要域外国家的商业企业在提供产品和服务的过程中涉及处理欧盟成员国个人数据的，都必须遵守 GDPR 中有关个人数据保护的有关规定。因此，欧盟的域外国家企业在对欧商贸往来中，就要面临严峻的合规挑战，不论是银行、金融、保险、医疗健康、航空等传统企业，还是跨境电商、社交网络、智能出行、智能家居等新兴领域，都将受到 GDPR 的影响[①]。

其次，对于数字经济相对不发达的国家，通过援引"数据本地化"加强本国的个人信息和隐私保护。在这方面，不仅有发展中国家如印度、巴西等，也有一些发达国家如加拿大、澳大利亚等（见表2）这样做。当然，不同的国家，数据本地化的做法也有所差异。根据宽严程度的不同，数据本地化可以包含多种情况[②]：（1）仅要求在当地有数据备份，而并不对跨境提供作出过多限制；（2）数据留存在当地，且对跨境提供有限制；（3）要求特定类型的数据留存在境内；（4）数据留存在境内的自有设施上，等等。

表 2　　　　　　部分国家的数据本地化政策措施

国家	政策措施
韩国	要求金融领域的企业服务器应位于韩国境内
澳大利亚	要求有关个人健康等方面的信息和数据存储在境内
印度	要求企业将部分 IT 基础设施放在境内，要求存储的公民个人信息、政府信息和公司信息不得转移至境外
马来西亚	要求企业在境内设置数据服务器

① 雷世文："欧盟的数据保护政策对中国的商业贸易意味着什么"，《中国社会组织》2018年 17 期。

② 王融："跨境数据流动政策认知与建议"，《信息安全与通信保密》2018 年 3 期。

续表

国家	政策措施
俄罗斯	要求用于处理支付信息的 IT 基础设施在境内存放
委内瑞拉	通过立法要求国内支付交易应当在境内处理
加拿大	不列颠哥伦比亚和新斯科舍省强制要求公共机构（如学校、医院）保存的个人数据必须在加拿大存储和访问
希腊	要求希腊的交通和位置信息必须存储在境内

资料来源：茶洪旺等："跨境数据流动政策的国际比较与反思"，《电子政务》2019 年第 5 期。

第三，一些国家将跨境数据流动问题纳入国家安全的一个组成部分。除了欧盟的数据主权观念外，俄罗斯等国家将大数据管理纳入主权和国家安全范畴，把跨境数据流动纳入日益严格的管制范围。

六、数据多样性带来多元化的跨境数据流动认知

除了个人网络数据（社交媒体等）外，电子商务交易数据、工业大数据也获得爆发式增长，数据资源对于一个国家经济社会发展的作用和影响前所未有。如何面对这种正在到来的未来社会局面，人们仍然缺乏统一认识，从而导致人们对于跨境数据流动的态度千差万别。这就要求人们必须正确把握跨境数据流动问题的重要性，科学认识各方面的关系，并在此基础上，制定科学合理的跨境数据流动发展战略与政策措施。

当然，造成制约跨境数据流动的因素还不止上述六个方面，其他一些因素也加剧了跨境数据流动问题，例如互联网经济发展的不平衡、贸易本地化的规定等。其中，贸易本地化是一项长期以来的贸易保护措施，一些国家也将此应用于数据的跨境流动问题的管理。在这方面，印度最为典型。2018 年 4 月，印度储备银行发布通知，要求印

度境内支付服务提供商将支付数据仅在印度境内存储，并提交相应的合规审计报告。同时将2018年10月15日确定为各公司执行"数据本地化"的截止日期。之后，印度又相继颁布了《电子药房规则草案》《个人数据保护法草案2018》以及《印度电子商务国家政策框架草案》。上述一系列草案对数据本地化和跨境流动做出了诸多规定①。因此，考虑跨境数据流动问题时，必须全面分析各种因素。

执笔人：李广乾　胡豫陇

---

① 胡文华等："印度数据本地化与跨境流动立法实践研究"，《计算机应用与软件》2019年第36卷第8期。

专题报告四

各国跨境数据流动的管理模式

　　由于不同国家数字经济发展阶段的不同，技术对以数据支撑的数字贸易诉求存在较大的差异，对数据跨境传输采取不同程度的管制措施。总体来看，数据技术发达的国家，凭借其技术优势，力图在跨境数据流动中获取更多数据红利，相关法律法规就更显宽松，如美国就是推动"跨境数据自由流动"的代表性国家；而数据技术欠发达国家则出于保护本国数据安全需要，采取相对严格的数据出境管制措施，如俄罗斯是采取"数据本地化"政策的代表性国家，欧盟也严格禁止数据跨境传输。参与"一带一路"项目的代表性沿线国家和地区对跨境数据流动的态度也有所不同。

一、主要国家跨境数据流动管理模式多样化

（一）美国主张"跨境数据自由流动"

　　美国具有显著的数字竞争优势，为了获得商业利益极力推动数字服务贸易发展，美国提倡数据能够在全球市场中自由传输，其在各类双边或多边协议明确表明了立场。如：美国与欧盟签署的《安全港协

议》和《隐私盾协议》，两份合作协议均为美国大型互联网跨国企业实现欧洲市场份额提供了便利。

美国与墨西哥和加拿大在新一轮谈判协定 USMCA 中添加了数字贸易章，要求各方能够针对"电子方式的跨境信息传输"实现"跨境数据自由流动"和"非强制数据本地化存储"。

美国于 2018 年出台《澄清域外合法使用数据法案》（简称 CLOUD 法案），试图利用 CLOUD 法案打消其他国家采取数据本地化存储的目的，以此获得更多的商业利益。

（二）欧盟对个人数据采取严格的管控措施

欧盟关于跨境数据流动的立场相对保守，采取"内松外严"的政策主张，对外采用严格的个人数据保护规则，对内鼓励数据自由流动和共享，推动欧盟数字经济发展。

欧盟禁止对外传输种族或民族出身、政治观点、基因数据等个人数据，要求企业熟知这些特殊类型数据并具有辨识能力，尽量避免去收集和处理这类数据，以免发生违规行为。但有三种例外情形。

一是基于充分性认定的数据传输例外情形。只要通过了充分保护能力评估，企业可以将个人数据传输到这些区域，无需经过相关部门审批。评估内容包括立法情况、司法和行政执法能力和是否签订国际协议等三方面内容。

二是企业通过充分保障机制获得欧盟的"签证"。充分保障机制：对集团企业的约束性规则（BCR）；满足欧盟要求的标准合同条约（SCC）；遵守欧盟行为准则（CoC）；获得批准的认证机制、封印或标识。

三是例外情形下的减损条款，如"告知—同意"，数据主体需要履行合同，为了保护公众利益等例外情形。

2018 年 10 月欧洲议会通过《非个人数据自由流动条例》，旨在欧盟区域内消除非个人数据存储和处理方面的国界限制，鼓励在欧洲单一市场内实现非个人数据自由流动和共享，为欧洲数据提供空间，促进欧盟数字产业和企业的发展。

此外，《欧洲数据战略》提出打造"单一数据市场"，促进欧盟域内和各行业之间数据共享和使用，释放尚未被利用的数据价值，重点针对制造业数据、绿色协议数据、移动数据、卫生数据、金融数据、能源数据、农业数据、公共行政数据以及技能数据等九大领域部署数据公共空间。

（三）东盟国家态度积极，但措施保守

东盟成员国正在试图构建东盟数据治理框架，增强需求方面的透明度与责任感，明确有发展潜力的领域，基本立场类似于欧盟，即在东盟区域内减弱跨境数据流动的限制，鼓励东盟内各成员国保持积极开放的态度，通过合作共赢方式提升东盟的整体经济综合能力。《东盟互联互通总体规划2025》（MPAC）明确从四方面促进成员国的数字经济发展：增强中小微型企业（MSME）技术平台；开发东盟数字金融普惠框架；建立东盟开放数据网络；建立东盟数字数据治理框架。

由于东盟成员国数字经济发展阶段和产业结构的差异较大，不同国家的实际措施有着较大的差别。

新加坡对跨境数据流动的态度较开放，相关数据政策的实施比较灵活。新加坡与 32 个贸易伙伴签署了 21 个自由贸易协定，但贸易协定中的数据规则并不统一。

新加坡颁布的 PDPA 体现了新加坡对信息跨境传输的基本立场。

新加坡同时兼顾数据保护和数据自由流动两方面的高水平政策主张，以此吸引外国大型企业在新加坡境内建立数据中心，促进本国数字经济发展。PDPA 第 26 条和 Banking Act 第 47 条规定，只要数据控制者做到"告知—同意"和数据接收方具有"充分性保护水平"两项准则，一般情况下，新加坡允许跨境数据流动。

新加坡没有对数据存储本地化进行强制性要求。只要数据控制者遵守新加坡对数据披露和跨境转移的相关规定，鼓励在境内建立一个或多个数据中心用于开展数据存储、处理、收集和交易等活动。新加坡政府通过制定灵活的数据政策用以吸引跨国企业在新加坡设立数据中心，其目的是实现"智慧国家"的战略，并期望将新加坡打造成亚太地区的数据中心。

新加坡数据保护政策与欧盟类似，采取有条件的跨境数据传输规定，禁止向数据保护水平低于新加坡的国家或地区传输数据，但企业可以向个人数据保护委员会申请特殊情况的豁免权。同时，新加坡提供了"数据跨境传输合同条款"规定。

印度在积极参与数字贸易全球化和推动本国数字经济发展两者之间寻找适度的本地化措施。一方面，印度采取数据本地化政策以促进本国数字经济发展，想通过实施数据本地化措施用以保证数据资源留存在境内，为本土企业提供发展机会。另一方面，印度采取分级分类实施差异化政策。印度颁布的《个人数据保护法草案 2018》将个人数据分为一般个人数据、敏感个人数据和关键个人数据三种类型，并基于数据类型采取有差别的数据本地化和跨境数据流动限制政策。一般情况下，三种个人数据类型按照两部草案规定进行传输，但是中央政府有绝对权力决定关键个人数据能否被转移出境，敏感个人数据的豁免情况，以及数据传输目的国家、地区或行业等，只要政府认定数据传输不会危害到印度国家安全和利益。

总体来讲，印度对跨境数据流动的政策立场相对保守，但政策目标仍以推动印度经济发展为主。首先，对外国企业采取数据本地化措施的目的是为本国企业保留发展空间，促进印度数字产业发展；其次，印度并不想放弃国际市场，特别是欧盟的批量服务外包业务，印度积极对接欧盟 GDPR 规则，并以 GDPR 作为 2018 年草案和 2019 年草案的立法范本，而且两部草案针对个人数据出境的规定增加了豁免情况。

泰国统筹兼顾推动本国数字经济发展和保护公民数据安全两方面，部分对接欧盟 GDPR 标准。一方面，泰国比较重视本国数字经济发展。首先，泰国设立新的数字经济与社会部替代原先的信息与通信技术部；其次，发布《泰国行业数字化转型洞察：老龄化社会、农业、旅游业的数字化路线图》白皮书，探索对医疗、农业、旅游三大行业进行数字化转型；最后，将数字化基建、数字化人才、数字化技术、数字化政府和网络安全纳入 2018 年泰国的数字化发展计划中。泰国尝试利用这些行动用以推动其数字经济更好地发展。另一方面，泰国借鉴欧盟 GDPR 中的部分规则并在 2019 年出台了《个人数据保护法》（PDPA），主要通过设立个人数据保护委员会、限制数据控制者的行为以及完善个人数据的保护机制三个途径规制公司对个人数据的使用行为，旨在维护数据主体权利的同时，促进数据自由流动。

印度尼西亚重视在线交易产业合规和个人数据保护问题，国内立法主张与欧盟相仿。印尼于 2019 年 11 月和 2020 年 1 月发布了《在线交易法》和《个人数据保护法草案》（简称"《草案》"），前者立法目的是为了规范在印尼发生的电子商务活动，该法暗含对从印尼获得收入的在线交易平台征收增值税和预扣税的主张，并对电商运营者提出需要在特定时期保留存储数据的要求，金融数据需保留 10 年，其他数据是 5 年。《草案》主要引用 GDPR 对个人数据的规制思想，一方面，要求未在印尼境内有实体的公司但在印尼从事商业活动，以及服务器不在印尼境内的公司但通过网站与 App 为印尼提供线上服务的供应商必须遵循该法案，如游戏平台、其他在线充值服务平台等供应商；另一方面，《草案》对个人数据出境传输采取了较苛刻的要求，并对违反者提出了严厉的处罚要求。印尼目前并未在跨境数据流动问题上签署任何的自由贸易协定，但作为东盟成员，印尼参与了 MPAC，其中涵盖了关于个人数据跨境与隐私保护的内容，除此，印尼是欧委会下一步优先考虑的合作经济体。

越南强调国家网络安全至上的理念，采取严格的数据政策措施。2018 年 6 月越南通过了《网络安全法》，其规制的主要对象是借助电信网络或互联网为越南公民提供服务的国内外公司，比如提供社交网络，搜索引擎，在线广告，在线热播／广播，电子商务网站，基于互联网语音／文本服务（OTT 服务），云服务，在线游戏和在线应用程序等互联网业务的公司，该法要求海外公司必须将越南的个人数据存储在境内，同时需要在越南设立分支机构或代表处，这一"强制数据本地化"的政策措施对在越南境内的网络服务提供商带来较大负担。

（四）俄罗斯管制较为严格，主张"数据本地化"

一是对俄罗斯公民个人数据和相关数据必须存储在俄罗斯境内；二是处理俄罗斯公民个人数据的活动必须在俄罗斯境内发生；三是掌握相关数据的企业有义务告知和协助俄罗斯相关政府机关工作。

俄罗斯在国际市场中仍然有自己的数据流通圈。俄罗斯允许数据自由流向"108 号公约"缔约国（特指欧盟理事会发布的《关于个人数据自动化处理个人保护公约》）和白名单国家。根据 No. 152 – FZ 联邦法案，俄罗斯监管机构 Roskomnadzor 也确立了达到数据保护充分性水平的国家白名单，虽然这些国家属于非《第 108 号公约》的签署国，但这些国家满足 Roskomnadzor 规定的充分性保护能力，其主要评判标准是该国是否具备有效的个人信息保护法律、是否设立了个人信息保护机构，以及是否针对违反个人信息保护法律的行为建立了有效的惩罚措施等。

除了上述两种情况外，俄罗斯有例外规定，如果转移到上述"108 号公约"缔约国和白名单国家之外的国家，目前可以在相关数据主体的书面同意下进行个人数据传输。

二、全球跨境数据流动政策模式共性总结

根据各国在数字经济发展水平、发展理念等方面的诸多差异，各国在有关跨境数据流动方面的管理方式存在显著的差异。学界通过对各国数据流动管理模式的总结，主要形成两类典型观点。

第一类是将国际跨境数据流动管理模式划分为欧盟模式和美国模式。这种划分方式受到较多人的认可和应用，例如王顺清等和韩静雅都在各自的论文中抱持这种划分，尽管各自的说法和表述有所差异。王顺清等在《欧美个人数据跨境转移政策变迁及对我国的启示》一文中认为，欧盟采取的是"个人权利保护模式"，其做法是以法律规制为主导，通过政府立法从法律上确立个人数据保护的各项基本原则与各项具体的制度，并在此基础上建立相应的司法或行政救济措施，形成完备逻辑体系；美国采取的是"促进资本发展模式"，其做法是干涉较少，更多的是采取以行业自律为主导的模式，即通过行业内部制

定行为规范或规章的形式，实现行业内部的自我规范和自我约束①。

第二类是将国际跨境数据流动管理模式划分为这样三种模式：美国推崇的全球数据自由流动政策、欧盟主导的"外严内松"跨境数据流动政策、其他一些国家采取的数据本地化或限制性跨境数据流动政策。

以"一带一路"国家为例，与欧盟模式一致的有印尼、泰国、新加坡与印度等国家。这些国家比较认可欧盟保护个人隐私的做法并主动对接 GDPR 标准，纷纷制定了国内个人数据保护法。同时，这些国家也有意识地推动本国数字贸易发展，并为搭建数据流动朋友圈保留了政策空间。如印度出台的 2018 草案和 2019 草案规则设计均以欧盟 GDPR 为范本，旨在获得欧盟更多的信息外包业务。此外，"一带一路"部分沿线国家也存在为安全而严格限制数据流动的情形，如越南政府对数据跨境传输采取严格的管制措施，背后的原因固然有安全风险的因素，如越南认为其网络被攻击的频率随着数字产业发展而递增，但更重要的还是本国数据安全与国家发展需要再三权衡下的选择，与本国数据技术的发展程度密切相关。数据技术发达的国家，凭借其技术优势，力图在跨境数据流动中获取更多数据红利，相关法律法规就更显宽松；而数据技术欠发达国家则出于保护本国数据安全需要，采取相对严格的数据出境管制措施。

上述两类划分方式都有一定的合理性，也反映了当前国际跨境数据流动政策的发展趋势和基本情况，尽管上述两种划分方式在对待欧盟和美国模式时在表述上有所差异。国内还有其他的划分方式，但仍然是基于这两种划分而展开的，仅仅是在说法上有所不同而已。例如，

---

① 王顺清、刘超："欧美个人数据跨境转移政策变迁及对我国的启示"，《法学论坛》2017年第 8 期。

在 2019 网络安全生态峰会上，上海社会科学院互联网研究中心在其发布的《全球跨境数据流动政策与中国战略研究报告》（下称"报告"）中，就以美国、欧盟、俄罗斯为代表，将国际跨境数据流动管理模式划分为主张自由流动的进取型、规制型和出境限制型三类。因此，本书也将在后续的研究分析中以上述两种划分方式作为参考和借鉴而且会在借鉴这些方式的合理成分的基础上，结合具体内容提出更进一步的划分角度。

尽管上述划分主要是从国别或地区层面分析的，但是跨境数据流动管理模式在国际协议中也得到了相应的反映和体现。而且，由于国际规则或协议涉及众多利益相关方，因而多从促进国际贸易发展角度出发，鼓励和提倡数据的自由流动；另外，由于在诸多的国际协议中，美国利益往往得到更多的关注和体现，因而"问责制"成为国际规则或贸易协议的主导方向。实际上，无论是 OECD 在 2013 年通过的《关于隐私保护与个人跨境数据流动的指南（2013）》还是 APEC 于 2012 年建立的"跨境隐私规则体系"，都采取了"问责制"的原则，通过设立一定的准入标准和规则，基于企业自律，实施跨境数据的流动管理。

执笔人：李广乾　胡豫陇

专题报告五

我国跨境数据流动管理的现状和问题

当前我国尚未建立系统的跨境数据流动管理体系。随着数字经济发展和国外相关法律制度的变化，我国不断改革和完善跨境数据流动管理体制。2015年出台的《促进大数据发展行动纲要》是近年来我国大数据产业发展的战略性文件，不过纲要尚未涉及跨境数据流动问题。2017年实施的《网络安全法》，是我国关于建立跨境数据流动管理体系的重要探索。从当前国内外数字经济发展需要和国际跨境数据流动政策的演变来看，我国在跨境数据流动问题上还面临很多的问题和挑战。

一、我国跨境数据流动管理的现状

（一）我国的跨境数据流动管理发展历程

第一阶段为2017年之前，即《网络安全法》正式实施之前。2017年之前，我国的跨境数据流动管理制度表现为行业数据管理制度的一部分。一些行业对于可以出境的数据进行分类管制，出台相应的行业数据出境管理制度特别是本地化措施。这些行业重点包括金融、电信、医疗健康、地理空间管理等重要领域（见表1）。

表1 我国行业数据管理制度对于跨境数据流动的规定

行业规定名称	实施时间	主要内容
关于银行业金融机构做好个人金融信息保护工作的通知	2011 年 5 月 1 日	第六条：在中国境内收集的个人金融信息的存储、处理和分析应当在中国境内进行。除法律法规及中国人民银行另有规定外，银行业金融机构不得向境外提供境内个人金融信息
征信业管理条例	2013 年 3 月 15 日	第二十四条：征信机构在中国境内采集的信息的整理、保存和加工，应当在中国境内进行
人口健康信息管理办法（试行）	2014 年 5 月 5 日	第十条：不得将人口健康信息在境外的服务器中存储，不得托管、租赁在境外的服务器
地图管理条例	2016 年 1 月 1 日	第三十四条：互联网地图服务单位应当将存放地图数据的服务器设在中华人民共和国境内，并制定互联网地图数据安全管理制度和保障措施
网络出版服务管理规定	2016 年 3 月 10 日	第八条：图书、音像、电子、报纸、期刊出版单位从事网络出版服务，应当具备以下条件：（三）有从事网络出版服务所需的必要的技术设备，相关服务器和存储设备必须存放在中华人民共和国境内
网络预约出租汽车经营服务管理暂行办法	2016 年 11 月 1 日	第二十七条：网约车平台公司应当遵守国家网络和信息安全有关规定，所采集的个人信息和生成的业务数据，应当在中国内地存储和使用，保存期限不少于 2 年，除法律法规另有规定外，上述信息和数据不得外流

资料来源：根据公开资料整理。

第二阶段以 2017 年 6 月 1 日实施的《网络安全法》为起点。在上述分部门、分领域建立数据本地化和出境管制的基础之上，我国试图建立针对跨境流动的数据进行统一管理的制度框架，并对个人数据的跨境流动进行特殊保护。其主要精神体现在《网络安全法》的第三十七条。根据其规定，我国数据本地化规则针对的数据范围为在我国境内运营中收集和产生的个人数据和重要数据，履行这一义务的主体为关键信息基础设施的运营者。《网络安全法》是目前国家信息网络安全层面的大法，并首次从国家法律层面明确和规制跨境数据问题，使得整个问题的法律层级和位阶都得到大幅提升。这也为我们认识和理解我国未来的跨境数据流动政策方向打下了基础，因而具有重要意义。

就跨境流动的数据管理来看，《网络安全法》的统一管理表现在两个方面，即明确数据本地化（限制出境）的数据为"我国境内运营中收集和产生的个人数据和重要数据"，明确履职主体为关键信息基础设施运营者。从可操作性来看，这些规定比上述行业数据出境管理规定又进了一步，明确了跨境数据问题的一些根本方向。

不过，需要明确的是，这里的统一管理制度并不排斥行业数据出境管理。行业数据的分类管理仍然是未来一段时期内我国数据出境管理的重要工作。实际上，2020 年 2 月 27 日工信部就发布了《工业数据分类分级指南（试行）》，根据安全影响程度将工业数据划分为三个等级；2017 年 6 月，国家互联网信息办公室也发布了《个人信息和重要数据出境安全评估办法（征求意见稿）》。因此，今后如何统筹数据出境管理的各个方面并建立一个规范、系统的跨境数据流动管理体系，是下一步我国数据治理工作的一项重要内容。

（二）我国跨境数据流动的配套管理不断完善

一是初步构建了网络安全法律法规体系。国家组织制定了《计算机信息系统安全保护等级划分准则》《信息系统安全等级保护基本要求》等一大批安全保护法案及标准，初步构成了网络安全标准体系，为重要行业部门开展网络安全管理和技术措施提供了保障。

二是明确推动信息技术产业化发展。在我国网络强国的目标愿景中"战略清晰、技术先进、产业领先、攻防兼备"都与产业的发展息息相关。根据"十三五"规划纲要、《中国制造 2025》、《国家信息化发展战略纲要》、《国务院关于积极推进"互联网＋"行动的指导意见》（国发〔2015〕40 号）、《国务院关于深化制造业与互联网融合发展的指导意见》（国发〔2016〕28 号）等的部署，中央网信办提出了到 2020 年，我国具有国际竞争力、安全可控的信息产业生态体系基本建立，在全球价值链中的地位进一步提升。突破一批制约产业发展的关键核心技术和标志性产品，我国主导的国际标准领域不断扩大；产业发展的协调性和协同性明显增强，产业布局进一步优化，形成一批具有全球品牌竞争优势的企业；电子产品能效不断提高，生产过程能源资源消耗进一步降低；信息产业安全保障体系不断健全，关键信息基础设施安全保障能力满足需求，安全产业链条更加完善；光网全面覆盖城乡，第五代移动通信（5G）启动商用服务，高速、移动、安全、泛在的新一代信息基础设施基本建成。

三是将互联网信息内容治理纳入法治化轨道。目前，我国已经建成的互联网信息内容监管的法律体系主要包括：互联网基础资源管理法规、互联网信息内容服务监管法规、与互联网信息内容有关的其他法规、网络著作权保护、个人信息保护以及打击互联网非法信息内容犯罪等方面。

四是注重加强信息安全人才的培养。现阶段我国信息安全人才队伍建设存在较为突出的问题，从国家政策角度出发支持信息安全人才的培养。2014 年 11 月，工业和信息化部提出了《企业首席信息官制度建设指南》，引导企业逐步建设和完善首席信息官制度；为加强国家网络安全，提高网络安全人才素质水平，2016 年 6 月中央网络安全和信息化领导小组办公室、教育部、工信部等六部门联合发布了《关于加强网络安全学科建设和人才培养的意见》。

二、我国跨境数据流动管理面临的主要问题

（一）对跨境数据流动与国家战略关系统筹规划不够全面

在研究和分析跨境数据流动问题时，不仅要关注对数据流动的规范化管理，也要对跨境数据流动问题在国家网信战略（网络安全与信息化发展战略）、"走出去"战略（"一带一路"倡议）、人类命运共同体等诸多战略中的系统定位及辩证关系进行充分考虑。根据"十八大"以来习近平总书记有关网络安全和信息化工作的相关论述和国家网络安全和信息化发展战略方面的文件，我国的网信战略实际上应该完整地包括两个部分，即"没有网信安全就没有国家安全"和"没有信息化就没有现代化"。这两者完整地构成国家网信法治战略的核心，需要综合统筹这两个方面的要求去认识和理解我国网络安全和信息化发展战略与政策。

结合跨境数据流动问题来看，"数据本地化"对应于"没有网信安全就没有国家安全"，强调限制国内数据出境流动的一面；而"数字经济发展"则对应于"没有信息化就没有现代化"，强调推进国内数据的跨境流动的一面。因此，我国的网信战略并不排除国内数据的跨境流动。

同时，在数据产生、跨境流动和跨境处理等数据生命周期相关问题上还需出台更为完善的政策规划。2015 年 9 月 5 日发布的《国务院关于印发促进大数据发展行动纲要的通知》为我国大数据产业发展做

出了纲领性规划。随后出台的各类细则文件对于跨境数据流动问题关注较少，还未提出相关的管理细则。

（二）个人数据保护体系需持续完善

构建系统、规范的国内个人数据保护体系，是开展跨境数据流动的基础。从欧盟的发展实践来看，长期以来个人数据保护一直主导其跨境数据流动问题。不断地修改和完善个人数据保护立法，是欧盟应对跨境数据流动问题的政策基础。前文提及，欧洲有关机构早在1981年和1995年先后发布了加强个人数据保护的政策法规，特别是1995年的《个人数据保护指令》明确要求保护自然人的基本权利和自由，特别是保护数据处理过程中的个人隐私权。该指令采用统一立法模式，规定建立独立的数据保护机构，对数据主体给予较大的权利保护。后来，为了适应互联网技术的发展特别是数据挖掘技术日益广泛的应用和互联网平台经济的崛起对个人数据保护的严峻挑战，欧盟委员会对该指令进行了长期的研究和讨论并在2012年公布并于2018年实施了《通用数据保护条例》即GDPR。在加强个人数据保护方面，GDPR对指令的发展表现为这样几个方面：个人数据权利上升为一项独立的基本权利予以保护、立法形式由指令升级为统一性更高的条例、引入数据清除权和数据可携权以进一步强化个人数据权利保护、引入长臂管辖以实现对欧盟公民个人数据权利的全球保护等。

当前我国尚未建立全面系统的个人数据保护的法律法规和政策体系。当前，我国有关个人数据保护的法律法规制度可以划分为三个方面："网络安全法"、相关条例或规章（如表4）、《信息安全技术个人信息安全规范》（GB/T 35273—2020）。其中，网络安全法和相关行业性条例，对个人数据的规范和保护提出了相关的框架和细则，也借鉴了 GDPR 的一些理念和做法，但由于是框架性文件和推荐标准，不便于在操作和执法层面给予参考。因此，在个人数据保护体系中，仍需完善具有法律效力和执法效力的细则文件，以切实保障个人数据权益。实际上，即使是现在，网络爬虫、个人数据泄露以及由此带来的各类信息安全问题仍然层出不穷。

（三）跨境数据流动管理组织体系有待整合

跨境数据流动问题涉及诸多业务环节，因此建立统一高效的管理机构和治理体系必不可少。欧盟早在 1995 年指令中就要求探索建立统一的跨境数据流动管理机构，在 GDPR 中，这种统一管理机制得到进一步完善。与欧盟建立统一跨境数据流动管理机构相比，目前我国的跨境数据流动管理机构还比较分散。例如，网络安全由公安部门分管，网络内容由网信部门分管，网络和云计算中心由工信部门分管，大数据产业由发改和工信部门分管，电子商务由商务部、发改委和工信部（工业电子商务）分管等。近年来，虽然我国很多地方建立了大数据管理局，为地方大数据产业发展提供了巨大推动和帮助，下一步仍需要在跨境数据流动问题上加强管理。

就跨境数据流动的社会协同治理体系建设来看，我国目前尚未建立起政府、企业和中介机构等多方参与、协同推进的跨境数据流动推进机制。目前，我国跨国性的 IT 和互联网企业如阿里巴巴、腾讯、百度、华为、京东等，尚没有在加强跨境数据流动方面结成企业战略联盟或开展其他形式的业务合作，尽管这些企业都对促进数据的跨境流动都有着切实需要。在开展国际市场开拓方面，这些企业几乎都是单打独斗，既没有联合起来组成一个促进和规范跨境数据流动的企业联盟，也没有在有关部门主导下成立相应的合作机制。目前我国一些行业龙头企业在各自的业务领域都有自己的优势，阿里巴巴和京东的电子商务、腾讯的社交媒体（微信）、华为的智能终端、百度的搜索和导航等，其共同点就是，都日益地以数据流动作为业务基础。因此，我国这些具备跨国业务属性的 IT 和互联网企业如果能够超越自家的一亩三分地，就完全可以、而且应该就所有企业都迫切需要的促进跨境数据流动这一共同目标而结成统一的战略合作联盟。

当前我国围绕如何落实《网络安全法》，一直在研究出台相关的配套政策和技术规范（见表2），以构建我国的个人跨境数据流动管理政策体系。

表2　《网络安全法》及其相关配套政策中有关跨境数据流动的政策内容

名称	发文机构	发布时间	政策要点
网络安全法	全国人大	2016 年 11 月 7 日	关键基础设施运营者在中国境内运营中所收集和产生的个人数据和重要数据应该在境内存储，因业务需要确需向境外提供的应当进行安全评估
个人信息和重要数据出境安全评估办法（征求意见稿）	国家互联网信息办公室	2017 年 4 月 11 日	将个人数据保护的责任主体有关键信息基础设施运营者扩大到网络运营者，并强调数据本地化存储。因业务需要向境外提供个人数据和重要数据时，需要开展安全评估，其流程（包括网络运营者自评估及有条件的监管部门评估）、评估重点及具体要求
信息安全技术——数据安全出境评估指南（征求意见稿）	全国信息安全标准化技术委员会	2017 年 8 月 30 日	提出了个人数据和重要数据出境安全自评估和有条件的监管部门评估的流程、要点及方法，扩充完善了数据处境定义，提出了"境内运营"的判定标准

续表

名称	发文机构	发布时间	政策要点
数据安全管理办法（征求意见稿）	国家互联网信息办公室	2019 年 5 月 28 日	要求重要数据在出境前应该有网络运营者评估安全风险，并报行业主管部门同意或省级网信部门批准，个人数据出境徐按照其他相关规定执行
个人信息出境安全评估办法（征求意见稿）（《个人信息出境安全评估意见稿》）	国家互联网信息办公室	2019 年 6 月 13 日	明确了个人数据在出境前应该同意报送监管部门进行安全评估的要求、流程及要点，并对网络运营者和个人信息接受者前述的部分合同内容进行规范

资料来源：根据相关材料整理。

《网络安全法》对个人信息安全的责任主体包括两个方面，即关键信息基础设施和网络运营者。但实际上，这两者之间存在着重叠，因而责任主体的这种划分相对比较困难。下一步仍需出台更为具体的管理细则，明晰个人数据保护的责任边界。就云计算中心而言，本身可以区分为三种类型，即 IAAS、PASS、SASS，因此一方面，我们可以将其界定为关键信息基础设施；另一方面，也可将其界定为信息服务商即网络运营者。为了克服这种不足，欧盟区分个人数据的控制者、处理者，并将云服务看作是处理者，而个人数据控制者看作是云客户[①]。这也可看作是未来我国建立跨境数据流动制度的一个有益参考。

（四）国际发展态势制约我国国际发展空间

我们可以将当前跨境数据流动政策的国际发展趋势划分为三类：第一类是欧盟基于 1995 年的指令和 2018 年开始实施的 GDPR 所主导

---

① 王融：《欧盟数据保护通用条例》：十个误解与争议，腾讯研究院编辑《互联网前沿》2018 年 6 月第 2 期（总第 42 期）。

构建的跨境数据流动流动政策所规制的市场范围。欧盟和美国之间由"安全港协议"向"隐私盾协议"演变过程中所确立的围绕跨境数据流动政策的示范带动作用，也可以被认为是这一类。第二类是美国主导的通过双、多边讨论以及地区性论坛所推动的跨境数据流动政策所规制的市场范围。例如，美国通过亚太合作组织（APEC）推进《APEC 跨境隐私规则体系》（CBPRs），通过 CBPR 认证的企业，被认为满足了隐私保护要求，可以在 APEC 区域内实现自由的跨境数据传输①。第三类则是俄罗斯、印度及其他众多发展中国家基于数据本地化②政策所形成的众多的数据单一国家市场。

上述三种有关数据的跨境流动管理模式，都给我国互联网企业和数字经济发展的国际空间带来一定挑战。例如，在 GDPR 开始实施后，由于 GDPR 被认为是史上最严格的隐私保护规定，国内众多大型互联网企业都根据其合规性要求而对原有的服务条款进行了诸多系统功能的改进和完善；同时，由于合规成本太高，国内一些中小企业只能从欧盟市场推出。再比如，根据印度数据本地化政策，抖音国际版只能在印度建立独立的云数据中心。这些都给我国的互联网企业增加不少的建设运营成本，给企业拓展国际市场带来巨大压力。

执笔人：李广乾 胡豫陇 陈 波

---

① 王融："跨境数据流动政策认知与建议——从美欧政策比较及反思视角"，《信息安全与通信保密》2018 年 3 期。

② 本地化存在多种形式，例如仅要求在当地有数据备份，而并不对跨境提供作出过多限制；数据留存在当地，且对跨境提供有限制；要求特定类型的数据留存在境内；数据留存在境内的自有设施上，等等。但是，实际上，更多的表现为第二种，即数据留存在当地，且对跨境提供有限制。

专题报告六

我国跨境数据流动的战略选择和政策措施

为更好地促进数字经济发展，我国需要立足于维护我国数据主权的基本价值立场，坚持守住国家的安全底线，统筹谋划数据主权和跨境数据规制的内在逻辑和外在规范，做出我国跨境数据流动的战略选择和政策措施。

一、构建全面综合的国家数据战略

当前国际跨境数据流动管理模式可以美国、欧盟、俄罗斯为典型代表，划分为三类。一是美国推崇的全球数据自由流动政策；二是欧盟主导的"外严内松"跨境数据流动政策；三是俄罗斯等其他一些国家采取的数据本地化或限制性跨境数据流动政策。每个国家都并非单独按照三个方面单一化地选择政策策略，而是在不同的方面有所侧重。

2018年，我国数字经济规模达到了31.3万亿元，占GDP比重为34.8%。就发展规模与速度而言，我国与美国的数字经济处在相似阶段。但对比欧盟与美国的政策差异，也应注意到，造成欧盟和美国政策差异的核心，是两者之间在全球 IT 技术和数字经济发展能力和水平方面的巨大差异。根据全球最大的财经资讯公司彭博社于 2017 年 4 月 6 日公布的全球十大市值公司排名（见表 1），其中有 7 家是 IT 和数字经济企业，而且都是平台类企业。而在这 7 家企业中，美国占据 5 家，中国占据 2 家，没有欧盟企业。

表 1　　　　　　　　"2017 全球最大市值公司排名榜单

序号	公司名称	资产（亿美元）	行业
1	苹果	7964	IT 和数字经济
2	Alphabet（谷歌母公司）	6751	IT 和数字经济
3	微软	5392	IT 和数字经济
4	亚马逊	4754	IT 和数字经济
5	脸书	4388	IT 和数字经济
6	伯克希尔·哈撒威	4076	保险和投资
7	强生	3454	医疗保健
8	埃克森美孚	3410	石油
9	腾讯	3254	IT 和数字经济
10	阿里巴巴	2975	IT 和数字经济

这个巨大差异才是造成欧盟和美国之间跨境数据流动政策差异的根本原因。因此，为兼顾我国在数据保护与经济发展两方面的平衡，我国可适当推动跨境数据流动以促进我国平台企业和数字经济"走出去"，但也要借鉴欧盟经验，在可控范围内保护本国经济免受美国冲击。

另外，跨境数据流动政策的制定，需要综合考量国家安全、公民隐私保护等方面因素。当前我国个人隐私保护法律体系不够健全，公民数据隐私保护认知有待提升，可以借鉴欧盟个人数据保护的经验。在推动经济发展的同时，充分保护公民个人数据，综合布局跨境数据战略。

综合来看，我国应该综合美国的鼓励自由流动的进取型、欧盟的规制型和俄罗斯的出境限制型的各自优点，兼顾数字经济发展的基本规律和多种数据保护的要求，建立具有中国特色的跨境数据流动战略。

二、把握四个重要战略转变方向

正如前文所述，当前人们主要基于"没有网信安全就没有国家安全"的理念主导跨境数据流动的政策方向，要充分认识和理解跨境数据流动问题，就必须将其纳入国家网络安全和信息化发展战略之中，并从"没有网信安全就没有国家安全"和"没有信息化就没有现代化"两个方面去全面、合理地认识和理解。当前，谋划我国的跨境数据流动管理需要从以下几个方面转变思路。

（一）由"内向"向"内外兼修"转变

长期以来，我国的网络安全和信息化发展主要针对国内，特别是防范国外技术、产品和业务系统对我国的攻击和破坏，所以我国网信战略的主体任务聚焦于国内信息化事业发展和安全保障。

当前，我国 IT 和数字经济发展正迎来历史性发展机遇。近年来，我国移动支付、电子商务和跨境电子商务都已经走在世界前列，在 5G 核心技术方面占据全球领先地位；与此同时，我国也出现了像华为、阿里巴巴、腾讯等具备全球竞争力的跨国 IT 和互联网企业。这些技术产业发展趋势，使得我国在国际数字经济发展格局中的地位和影响力都显著提高。在这种情况下，我国 IT 和数字经济发展应该突破内敛格局而走向外向发展局面，推进数据的跨境流动成为内在要求。

（二）由传统国家主权向全球协作治理转变

近年来，国际化趋势受到各种因素的影响，引发人们的担忧，信息化和数字经济的发展将能够有力地阻止这种趋势的恶化，并有希望呈现出一个新的全球化趋势。在由虚拟网络环境驱动的全球化趋势下，数字经济和数据全生命周期的属性，决定了传统的基于空间地域的国家主权受到严峻挑战。从某种程度上讲，这种挑战很可能带来某种突破。在轻装信息化和数字经济环境下，平台化和数据全生命周期将突破传统意义上的立法管辖权的法律管辖数据的地域限制[①]，长臂管辖几乎不可避免。

数字经济环境下的全球协作治理与传统的对国家主权的侵害并不能完全等同。数字经济环境下的全球协作治理是一种基于双方认同的规则所开展的合理的业务过程，而传统的对国家主权的侵害则是一国依靠强力手段肆意侵犯另一国主权的违法行为。因此，我们不应该将两者画等号。当然，由于海量数据被人工智能技术加工之后而让一国的核心机密信息遭到暴露，则是需要注意的，为此需要通过设置合适的限制措施尽力避免。

（三）由政府主导向多方协同治理转变

我国 IT 和互联网企业在全球数字经济领域快速崛起，不过这些企业还没有找到有效的协作机制。正如前文所述，我国的这些企业在国际市场上大多单打独斗，未能形成合力。在前期以硬件技术、产品开发销售为主导的阶段，各企业在国际市场上单打独斗不会有多大问题，但是，随着数据在企业经营中占据日益重要的地位，这种模式就

---

① 丹永："欧盟《通用数据保护条例》对我国个人信息保护的启示"，《财讯》2019 年第 1 期。

显得艰难了。实际上，随着数字经济发展转型到轻装信息化阶段，数据成为数字经济发展的独立要素其作用日益显现。此时，数字化及其海量数据"降维"、重组千差万别的企业业务属性并将这些不同企业的行业业务日益统一到相同的大数据处理能力上来，对数据的跨境流动及其相关业务都将具有日益迫切的需求。所以，未来在国际数字经济领域，我国大型互联网企业由单打独斗走向合作联合将具有强烈的内在需求。

这个转变过程将使得政府在跨境数据流动政策演变过程中的作用发生重要的改变。未来，跨境数据流动管理将由政府一手操办走向政府与企业、行业协会等中介机构的协同治理。

（四）由个人数据向非个人数据的转变

5G 的快速应用以及由此带来的互联网医疗、无人驾驶、智能家居、工业互联网平台等新兴业态的出现，都将带来非个人数据的海量增长。因此，欧盟在强化个人隐私保护的立法基础上，开始着手进行非个人数据的跨境流动的立法建设。

就我国跨境数据流动的制度建设来看，我们尚未建立个人数据的跨境数据流动政策框架，需要同时启动并加强有关非个人跨境数据流动的制度建设。

以上思路的转变，要求我们高度重视跨境数据流动问题的重要性，进一步强化跨境数据流动的战略定位。为此，有必要出台专门的政策文件，推进相关进程。与此同时，在大数据、"一带一路"倡议、云计算中心建设、工业互联网等国家重大战略和政策中，修改和调整、细化和强化有关跨境数据流动的政策部署，从各个方面加快推进其进程。

三、统筹构建稳健全面的跨境数据流动战略框架

当前经济全球化发展趋势明显，我国对跨境数据流动的管理需求不断增加，但是，我国尚缺少体系化的跨境数据流动政策策略。在设计跨境数据流动顶层架构时，需结合国际经验和自身国情，综合考量。

在制定具体跨境数据流动策略时，要将思路充分纳入国家网络安全和信息化发展战略之中，从"没有网信安全就没有国家安全"和"没有信息化就没有现代化"两个方面去全面、合理地认识和理解国家网信战略。

表2以"2×2"矩阵的方式，将从"个人数据、非个人数据"和"出境、流入"两个维度，将跨境数据流动政策区分为四个象限，从而细化了跨境数据流动所涉及的各方面关系，明确了需要解决的具体问题以及相关政策能够解决的具体问题，可以作为我们分析跨境数据流动政策的一个简要的分析框架。

四、建立完善严格的个人数据和隐私保护制度

严格的个人数据和隐私保护制度是建立高效的跨境数据流动监管体系的基础条件和重要保障，欧盟的经验做法为我们提供了很好的参照和借鉴。

（一）充分认识个人数据和隐私保护的重要性

我国个人数据和隐私保护面临日益严峻形势。数字经济的深入发展以及正在到来的5G时代，都将让虚拟世界的个人越来越具备现实

表 2　　　　　　　　　　我国跨境数据流动监管的政策框架

	个人数据	非个人数据
出境 （流出）	1. 通过脱敏，分离出个人数据及重要数据，并要求这些数据本地化存储 2. 允许脱敏并分离之后的数据流出 3. 借鉴欧盟模式，建立我国的白名单制度，认证国内数据输出名单和数据接收方名单 4. 根据我国实际情况出台"个人数据出境安全评估办法"① 及其评估指南	1. 基于行业平台，进行分类管理 2. 基于数据架构、数据治理体系及其标准化工具，评估、审查数据出境风险 3. 发展壮大有竞争力的行业平台（如工业互联网平台），允许数据流出，促进国内工业互联网平台等行业平台发展 4. 通过一些重点行业，发展、引领非个人数据即行业数据自由流动的国际标准体系
国际数据 市场	1. 鼓励支持国内平台积极发展各国业务，特别是鼓励国内平台企业加入欧盟及其他国际跨境数据流动资格认证②，以满足所在地的业务合规性要求 2. 遵守所在国数据本地化要求，建设本地数据中心 3. 加强大数据和人工智能技术应用能力和水平，充分发掘数据价值	1. 鼓励支持国内平台积极发展各国业务 2. 遵守所在国数据本地化要求，建设本地数据中心 3. 积极推动中国建立的行业数据流动评估管理标准 4. 积极推进行业数据自由流动

　　表注 1：第一列的"出境"项目是指国内数据的流出；"国际数据市场"项目没有用数据的"输入"或"流入"去表示，这是因为"全球数据管控能力的最大化"不仅包括国外数据流入中国平台数据中心，也包括中国在国外的互联网平台将其所产生的数据存放在所在国的本地化云数据中心，以及我国的大数据挖掘和人工智能系统基于国外数据所能获得的经济社会价值。

　　表注 2：2017 年 4 月 11 日国家互联网信息办公室发布了《个人信息和重要数据出境安全评估办法（征求意见稿）》和《信息安全技术数据出境安全评估指南（草案）》，不过此征求意见稿的"重要数据"无法区分本文中的"个人数据"和"非个人数据"；2019 年 6 月 13 日，国家互联网信息办公室发布了《个人信息出境安全评估办法（征求意见稿）》，将"个人数据"和"重要数据"做了区分，显然是正确的③。到目前为止，相应的评估指南尚未见到。

---

　　① 在个人数据和隐私保护方面，欧盟模式是各国参考的重要标准，我国如果建立一套与之差别较大的做法并不现实。

　　② 例如欧盟的 GDPR 下的充分性认证、标准合同条款等。

　　③ 《网络安全法》也是使用"个人信息和重要数据"，这样显然不方便人们区分个人数据和作为各行业数据的"非个人数据"。

人的完备属性，而数据挖掘、网络爬虫和人工智能等技术操作和手段让个人隐私日益"暴露"于世人眼前。与此同时，国内社会公众的个人数据和隐私保护意识比较淡薄。2018 年 3 月，某国内大型互联网企业负责人甚至认为，国人愿意用隐私换取便利、安全或者效率。在这些因素的作用和影响下，近年来我国个人数据和隐私泄露案件频发并引发各类恶性事件。

这种不利的局面应该尽快得到根本改观。实际上，2015 年以来，我国开始实施大数据产业促进战略，因缺乏对个人数据和隐私保护的政策布局。这些恶性事件其实都与此有着密切关系。当前，党的十九届四中全会决议和 2020 年 3 月底发布的《中共中央、国务院关于构建更加完善的要素市场化配置体制机制的意见》，都提出将数据作为一种新的生产要素并参与市场分配过程；如果不解决个人数据和隐私的严格保护问题，数据资源就难以作为一种有效的生产要素。因此，当前无论如何强调个人数据和隐私保护，都不为过。

（二）强化法律保护

前些年来，我们一直强调大数据产业的发展，但网信战略缺乏协调，出现失衡。今后，我们要在个人数据和隐私保护方面补课，尤其是要强化法律保护。为此，当前有必要开展如下几项工作。

首先，在宪法、民法通则等高位法中明确、提升个人数据与隐私的法律属性。

其次，统一个人数据与隐私保护立法，尽快颁布实施个人信息保护法，强化、落实个人数据与隐私的保护。为此，应该赋予国民对于其个人数据和隐私以更充分的权利，基于数据生命周期，区分个人数据相关各方主体的责任和义务，明确数据控制者、数据处理者对于个人数据和隐私的具体职责。

第三，修订、完善《刑法》《刑事诉讼法》《民事诉讼法》《合同法》《居民身份证法》等法律法规中有关个人数据和隐私保护方面的相关条款，并强化各行业、各领域的个人数据和隐私保护[①]。

（三）完善政策体系

首先，应该出台国家个人数据和隐私保护战略，从顶层设计层面研究制定未来个人数据和隐私保护的国家战略与规划，明确个人数据与隐私保护的基本原则与各方面关系。

其次，加快个人数据和隐私保护标准化体系建设，完善互联网环境下的信息收集、处理、存储、共享和管理等各过程的个人数据和隐私保护标准，建立覆盖信息全生命周期的标准体系[②]。

当前，我国有关部门已经围绕个人数据和隐私保护发布了相关的标准。我国先是在 2017 年发布了《信息安全技术个人信息安全规范》（GB/T 35273—2017），2020 年 3 月 6 日又发布了《信息安全技术个人信息安全规范》（GB/T 35273—2020）[③]。从具体内容来看，我国的规范借鉴了很多 GDPR 的做法。与此同时，我国有关部门还发布了诸多标准规范的征求意见稿，例如《网络数据安全标准体系建设指南》，其中也对个人数据和隐私保护的标准化进行了部署。对照前述有关个人数据和隐私保护的政策要求，今后我国应该进一步完善和强化上述标准规范：首先是要与未来的个人数据和隐私保护战略相统一；上述规范有必要由推荐标准向强制标准转变；基于数据生命周期，具体区分个人数据的数据主体、控制者、处理者等，并明确各方面权利、义务和责任；等等。

---

① ②　刘玉琢："欧盟个人信息保护对我国的启示"，《网络空间安全》2018 年第 7 期。
③　2020 年 10 月 1 日起施行。

五、加快建设非个人数据管理体系

当前，我国与欧盟和美国在有关个人数据和隐私保护方面还存在较大的差距。不过，就非个人数据管理来说，其差距并没有这么大。因为就如何管理非个人数据的跨境流动问题而言，各国（地区）都在进行探索，而且，到目前为止，尚没有一个得到国际公认的非个人跨境数据流动制度或模式。欧盟的《欧盟非个人数据自由流动条例》为解决这个难题开了个头，但也仅仅是开了个头，因为该条例只是规范欧盟内部各成员国之间的非个人数据流动问题，而且明确要求其促进非个人数据的自由流动以实现"欧洲单一数据市场"，而对于如何处理欧盟成员国与欧盟外的国家之间的非个人数据流动问题，则没有提供任何可行的办法。这为我国加快建立非个人数据管理制度及其跨境流动管理模式提供了空间。

（一）加快建立非个人数据管理体系具有重要意义

5G 时代的到来给非个人数据管理带来了巨大挑战。根据国家互联网应急中心于 2019 年 8 月 13 日发布的《2019 年上半年我国互联网网络安全态势》，国内具有一定用户规模的大型工业云平台有 40 余家，业务涉及能源、金融、物流、智能制造、智慧城市、医疗健康等诸多行业，5G 技术将给这些行业海量数据的采集、传输、存储和处理等带来诸多问题。我国在 5G 技术上的领先地位和工业互联网（智慧城市、无人驾驶、产业互联网等）领域的快速发展，都对加快建立非个人数据管理模式提出了日益紧迫的要求。

建立非个人数据管理体系是数据要素得以成立的基础性保障。个人数据只是作为一种生产要素的数据要素的一小部分，而非个人数据才是未来数据生产要素的主要部分。只有解决了非个人数据的管理模式，数据才可真正地作为第五生产要素，不仅加快各行各业的数字化转型，也将作为一种有效的生产要素参与到收入分配进程中来。

（二）建立非个人数据管理体系的基本原则

与前述的个人数据监管模式相比，非个人数据尚未建立有效的监管模式。从国际情况来看，尽管促进自由流动是一致共识，但具体如何建立其有效的管理框架、如何平衡各方关系却仍然没有形成一致意见，特别是在非个人数据的跨境流动方面，各方政策仍然局限于本地化上。尽管欧盟在《欧盟非个人数据自由流动条例》中强调自由流动，但仅仅局限于规范欧盟成员国之间的数据本地化行为，与 GDPR 相比，该条例仍然偏原则性，尚未建立一个完整的可供操作的制度框架。

就我国来看，在国内优先建立非个人数据自由流动管理制度，具有特别重要的意义。一方面，这可以规范当前国内正在快速发展的工业互联网平台等行业的发展，为我国制造业数字化营造有利的产业发展环境，并在未来国内外工业互联网平台竞争中率先取得市场主导地位；另一方面，非个人数据管理制度的建立也将为非个人数据的跨境流动监管提供基础条件，有助于我国在国际市场上取得非个人数据的跨境流动监管模式话语权。

从未来我国非个人数据流动管理制度建设来看，有必要坚持以下若干基本原则。

首先，应该有效地区分个人数据和非个人数据。个人数据和非个人数据具有完全不同的监管属性，但在很多场合下，非个人数据往往跟个人数据搅和在一起。为此，必须构建统一的分离标准，以避免个人数据和隐私因为非个人数据的流通而遭泄露。

其次，基于统一的数据治理标准，开展非个人数据的分类分级管理。各行各业都具有各自不同的数据管理要求，例如互联网医疗、网络征信、自动驾驶、工业互联网等都具有不同的数据管理规则，但从数据治理上来讲，各行各业其实又都具有统一的方面，例如，都可以建立自己的元数据和元数据管理、主数据和主数据管理等。目前，多数行业都发布了各自的数据管理制度，近期工信部还出台了《工业数据分类分级指南（试行）》，与此同时，有关元数据、主数据、数据成熟度模型等数据规范也已经颁布实施，但是，这些有关数据管理的标准规范尚未落实、融入行业数据管理规定当中，使得企业、平台之间的数据流动缺乏统一标准，从而阻碍了非个人数据的自由流动。今后应该在行业数据管理制度中，基于数据架构、数据治理体系及其标准化工具，完善各方面政策措施，以实现非个人数据即行业数据的统筹管理。

第三，正确处理平台企业及其工业企业之间的利害关系。由于平台化已经成为数字经济发展的基本方向，必须约束平台企业的数据管理行为，平衡平台企业与工业企业各自的责任与义务，给予平台上的工业企业以自由迁移和自由处置自身数据的权利。

第四，加强数据确权探索，努力建立一套合理有效的数据权属体系。虽然人们在讨论个人数据（"2C"）流转时，也讨论数据确权问题，但实际上这并没有多少经济上的可行性；不过，对非个人数据（"2B"）流转来说，则具有基础性价值，特别是对于近年来的数据交易所建设和大数据产业发展来说。

由于各种原因，数据确权要比传统的实物产权明晰难得多。所以，时至今日，人们仍然难以找到一个公认的数据确权框架和做法。这也给非个人数据的跨境流动带来更大的挑战，因为个人跨境数据流动主要涉及个人隐私保护和个人（和国家）安全，而非个人数据的跨境流动则在此基础上增加了一个利益权属安排（确权）问题。因此，充分发挥各方面的积极性，通过不同行业、领域，试点非个人数据确权并从中找到切实可行的技术和方法，是当前和今后一段时期我国跨境数据流动政策需要解决的问题。

六、构建政府与社会联动的跨境数据流动管理体系

在数据流动全球化发展的趋势下，我国应该着眼于实现对于全球范围内数据流动的协调与管控能力，构建政府与社会联动的跨境数据流动管理体系。

（一）建立综合管理机构，增强国际数据管控能力

我国尚未明确跨境数据流动综合管理机构。《网络安全法》对于我国的跨境数据管理机构设置，并没有提出明确的规定，因为《网络安全法》将数据出境与关键信息基础设施联系在一起；而在后来发布的有关个人信息出境规定的草案中，将数据出境评估与网络运营商联系在一起，负责的对象扩大了。将跨境数据流动管理与基础设施运营者绑定在一起，实际上并不利于跨境数据流动监管，因为数据没有独立出来，人们也就无法对其进行清晰地界定。实际上，轻装信息化已经使得数据管理日益走向独立，其生命周期越来越细地划分为不同的价值阶段，并由此带来了相应的专业分工对象，而且，党的十九届四中全会决议和2020年3月底发布的《中共中央、国务院关于构建更加

完善的要素市场化配置体制机制的意见》，也已经将数据作为一种新的生产要素使其参与市场分配过程。另外，GDPR（欧盟通用数据保护条例）的做法是，将跨境数据流动的利益相关方划分为数据主体、数据采集者、数据控制者、数据处理者等不同对象，并根据不同对象设定相应的权利和义务。因此，将跨境数据流动管理与基础设施运营者绑定的做法，不利于开展跨境数据流动的专门管理。

为加强我国的跨境数据流动管理，有必要成立专职专业监管机构。与欧盟数据保护委员会或成员国监管机构不同，我国的监管机构的职能不仅包括个人数据和隐私保护，还应该包括推进我国数字经济"走出去"、服务贸易发展等诸多任务要求。同时，根据前述分析，轻装信息化已经让各行各业可以分离出技术上统一的数据采集、存储、加工处理等业务，并且让数据生命周期拉长、变细，数据日益成为一个独立的产业，并形成独立的生态。因此，为了落实中央将数据作为独立生产要素参与市场分配过程的要求，有必要成立职能相对独立的国家数据委员会或数据保护发展局。

该机构职能设定的核心来自数据生命周期和数据生产要素。为此，应该整合当前一些部门所包含的数据业务，例如发改委相关部门、工信部门、商务部门等相关职能。几年前，国内很多地方政府都设立了大数据管理局，但其职能相对有限，主要是开发利用地方政府数据和促进地方大数据产业发展。未来设立的国家数据委员会或数据保护发展局，应该实现国内外大数据产业发展的一体化管理。

（二）加强行业自律体系建设，完善跨境数据流动治理

表2的四个象限具体列明了各种情形下的政策导向，然而也存在多个象限都关联的一些问题，例如本地化的互联网数据中心（IDC）

或云数据中心建设问题以及人工智能技术开发、数据标准化、情报收集与分析、金融证券等共性服务。为此，有必要由有关部门牵头，国内 IT 和互联网企业以及金融机构、大型实体企业等组建国际数据合作联盟，在有关跨境数据流动管理、扩大全球数据管控能力等方面开展合作，以改变当前我国互联网企业开拓国际市场时的单打独斗局面。

行业自律体系建设是建立、完善我国跨境数据流动监管制度体系的重要一环。行业自律机制是美国开展跨境数据流动管理的重要制度安排，实际上，GDPR 就规定，数据控制者可以成立协会并提出所遵守的详细行为准则，该行为准则经由成员国监管机构或者欧盟数据保护委员会认可后，可通过有约束力的承诺方式生效①。因此，建立我国的跨境数据流动行业自律机制，不仅对促进国内个人数据和隐私保护、行业数据流动具有重要作用，也可作为我国企业开展与欧盟、APEC 等有关跨境数据流动机制合作的重要渠道。

七、区分不同情况，有序推进国际合作

我们难以按照统一的标准和程序，与全球各地区（国家）开展跨境数据流动管理。目前，国际上出现了比较有影响的由两类跨境数据流动管理机制组成的国家集团：一类是欧盟基于 GDPR 规则（满足其"充分性认定"标准）发展起来的国家集团。迄今为止，仅有安道尔、阿根廷、加拿大、法罗群岛、根西岛、以色列、马恩岛、泽西岛、新西兰、瑞士、乌拉圭和美国（仅限于隐私盾框架）、日本等 13 个非欧国家和地区被认定满足该条件②。另一类是加入由美国主导的 APEC 跨

---

① 王融："跨境数据流动政策认知与建议"，《信息安全与通信保密》2018 年 3 期。
② 张奕欣等："跨境数据流动各国立法和国际合作机制初探"，《法制博览》2020 年 1 期。

境隐私规则体系（Cross-Border Privacy Rules，CBPR）的国家集团。目前共有 8 个国家和 1 个地区参与了 CBPR，包括美国、墨西哥、日本、加拿大、新加坡、韩国、澳大利亚、菲律宾和中国台湾。

就目前情况来看，我国跨境数据流动领域的国际合作，要采取务实态度，在不断完善个人数据和隐私保护法律规制体系建设及相关数据治理标准体系建设的情况下，有序推进。为此，可以考虑以下若干措施和做法。

首先，鼓励和支持我国的互联网企业和实体企业通过白名单机制或标准合同条款等做法开展欧盟市场业务并获取数据[①]。

其次，对于坚持数据本地化要求的国家，可以考虑通过双边协议形式，采用类似欧盟与美国之前的"安全港协议"或后来的"隐私盾协议"形式。通过赋予这些国家公民在中国数据市场更多的法律权利，以打消这些国家针对因为数据被滥用而带来的利益受损的顾虑。

第三，发起"数据丝绸之路"计划，开展"一带一路"倡议下的跨境数据流动管理多边合作机制。为了应对跨境数据流动领域出现的国家集团化趋势，有必要研究在"一带一路"倡议下的跨境数据流动国际合作新机制。借鉴欧盟 GDPR 和 APEC-CBPR 合理成分，并结合"一带一路"国家 IT 和信息化发展实际，研究探索能够为各方接受的跨境数据流动的国际合作机制。例如，为满足一些国家的数据本地化合规要求，可以考虑统一规划、建设区域性的大型云数据中心。为此，可以考虑将其与海南自贸区建设相统一，开展"一带一路"国家间的

---

① 根据上海社会科学院互联网研究中心的报告，在缺乏充分性认定的情况下，欧盟还为企业提供了遵守适当保障措施条件下的转移机制，包括公共当局或机构间的具有法律约束力和执行力的文件、约束性公司规则（BCRs）、标准数据保护条款（欧盟委员会批准/成员国监管机构批准欧盟委员会承认）、批准的行为准则、批准的认证机制等。这些机制为在欧盟收集处理个人数据的企业提供了可选择的跨境数据流动机制。

重点行业信息化发展、数据挖掘和人工智能技术开发、人才培养等方面的国际合作。

第四，围绕重点优势行业，开展数据国际合作。根据我国5G技术和信息化领先发展的优势，可以优先在互联网医疗、工业互联网平台等领域，开展国际数据流动合作。在新冠肺炎疫情之后，借助于5G技术，这两个领域将在全球获得快速发展，并由此引发数据流动问题。可率先行动，建立相应产业规划和数据治理体系，并通过合适的区域合作机制如"一带一路"倡议，开展相关的国际数据合作。

八、开展数字税收前瞻性研究与布局

信息化企业通过网络业务，可以在注册地之外的地区实现营收，但这会造成营收地国家的税收流失。此外，信息化企业还能够通过在低税率地区设立常驻机构而逃避本国税收。这些"税收流失"问题近年来越发突出，已对一些数字经济发达的国家税收造成影响。随着经济全球化进程加快，我国也将面临数字税收问题，因此需加强对数字税收问题的研究，提前布局。

首先，我国数字经济稳步增长，互联网企业发展快速，过早征收数字税可能会对我国数字经济发展造成阻力。同时，考虑到需要与"一带一路"国家开展经济合作，也不宜征收数字税，否则将会造成与沿线国家间的贸易和税收摩擦。如需开展早期数字税收政策研究，可通过对现有税制的修订完善，将数字服务纳入增值税的征税范围，对数字化业务和商品进行分类界定，对指定范围内的数字产品和服务征收常规税费。

其次，当前以英国、法国等为代表的一些国家，已开始征收数字税。数字税问题已成为国际关注问题，我国应积极参与跨境数字税收的国际协商，可通过 G20、WTO 等平台，与各国协商数字税国际规则，提升国际话语权，为未来布局国际数字税收政策奠定基础。

再次，可研究构建鼓励创新、增进社会福祉的数字税收政策体系。借鉴英国"安全港"制度，对经营困难或早期的数字化企业提供低数字税率，促进本国数字化创新发展，吸引海外数字化企业入驻，繁荣我国数字经济。

执笔人：王金照　李广乾　段炳德

以"一带一路"国家为例探索我国跨境数据流动

我国作为"一带一路"倡议的发起国,应该探索与"一带一路"沿线国家就跨境数据流动合作与相关国家取得共识,这是数字经济发展中推动落实"一带一路"倡议的重要基础。

一、沿线国家的跨境数据流动政策共性特征

总体来看,印尼、泰国、新加坡与印度等国家比较认可欧盟保护个人隐私的做法并主动对接 GDPR 标准,纷纷制定了国内个人数据保护法。同时,这些国家也有意识地推动本国数字贸易发展,并为搭建数据流动朋友圈保留了政策空间。如印度出台的 2018 草案和 2019 草案规则设计均以欧盟 GDPR(欧盟通用数据保护条例)为范本,旨在获得欧盟更多的信息外包业务。

"一带一路"部分沿线国家也存在为安全而严格限制数据流动的情形,如越南政府对数据跨境传输采取严格的管制措施,背后的原因固然有安全风险的因素,如越南认为其网络被攻击的频率随着数字产业发展而递增,但更重要的还是本国数据安全与国家发展需要再三权

衡下的选择，与本国数据技术的发展程度密切相关。数据技术发达的国家，凭借其技术优势，力图在跨境数据流动中获取更多数据红利，相关法律法规就更显宽松，而数据技术欠发达国家则出于保护本国数据安全需要，采取相对严格的数据出境管制措施。

可以清晰地看到，不管是美国、俄罗斯、欧盟还是东盟国家，都在努力形成自己的数据流动朋友圈。印尼、越南、泰国和新加坡均是东盟成员国，并参与了有涉及数字数据治理内容的 MPAC（东盟互联互通总体规划 2025），旨在通过推动东盟各个国家数据共享和自由流动，提高东盟的数字经济发展能力；新加坡通过签署双边（如新加坡—澳大利亚）和区域〔如 CPTPP（全面与进步跨太平洋伙伴关系协定）、MPAC、以及 CBPRs（亚太经合组织跨境隐私规则体系）等〕数字贸易协议，促进数据自由流动，推动国内数字经济发展。

二、与沿线国家跨境数据流动合作具备一定基础

（一）与沿线国家跨境数据流动相关产业合作密切

"一带一路"倡议发出以来，我国与沿线国家密切协作，积极推动跨境电商、新媒体、大数据、云计算和智慧城市等方面的产业合作，共同建设"数字丝绸之路"。

一是我国在信息基础设施建设方面具有优势，大部分沿线国家的硬件基础设施还比较薄弱，具备合作的基础。比如华为利用自身通信技术方面的优势，在全球范围推动 5G 建设，并与"一带一路"沿线国家和地区在智慧城市和智能交通系统等方面建立合作项目。中国铁塔与老挝政府等合作共同创立了东南亚铁塔有限责任公司；中国企业支持老挝卫星公司到其农村地区建设数字电视机顶盒项目。2018 年 1

月开通了中国与尼泊尔跨境互联网光缆。中国与土耳其、伊朗、巴基斯坦建立了联合通信项目,搭建了一条便利有效横跨欧亚的信息通信高速公路等。现阶段中国与欧洲已经搭建了中国—俄罗斯—欧洲、中国—哈萨克斯坦/蒙古—俄罗斯—欧洲等陆地光缆通道和 SWM3、AAE－1 等海缆通道①。

此外,欧洲地区成为华为搭建 5G 网络信号的最大境外市场,华为 5G 已经与英国电信、德国沃达丰、西班牙电信、挪威电信以及瑞士电信等国际电信龙头企业建立业务合作。阿里巴巴在"一带一路"沿线国家投资建立大数据中心,自主研发"飞天"通用计算操作系统,为全球 10 亿多客户提供服务。中国与这些国家在信息基础设施方面的合作更有利于双方网络的互联互通。

二是在数字经济领域合作密切,尤其是跨境电商、新媒体、短视频在"一带一路"沿线国家的发展态势趋好。"丝路电商"是推动"数字丝绸之路"建设的新动力。我国企业积极主动搭建与"一带一路"国家和地区的电子商务交易平台,如阿里巴巴提出 eWTP(世界电子贸易平台)后,马来西亚、巴基斯坦、比利时、卢旺达等国家相继加入 eWTP,与阿里巴巴签署了合作项目。京东大数据研究院撰写的《2019"一带一路"跨境电商消费报告》显示,中国通过电商平台向俄罗斯、乌克兰、波兰、泰国、埃及、沙特阿拉伯等参与"一带一路"的国家和地区销售产品。

社交等新媒体在"一带一路"沿线国家蓬勃发展。截至 2019 年 4 月,参与"一带一路"新闻合作联盟的媒体有 182 家且来自 86 个国家,"一带一路"新闻合作联盟网站也正式上线。我国抖音短视频发

---

① 资料来源:中国国际光缆互联互通白皮书(2018 年)。

展迅速并拥有了一定的海外市场，2019 年抖音播放量最高的国外城市前十名分别是：曼谷、首尔、东京、大阪、新加坡、迪拜、伦敦、洛杉矶、巴黎、芽庄，绝大部分分布在沿线国家。支付宝 PAYtm 也成为印度实行无现金支付交易的平台之一。

三是相关企业投资意愿强。东盟多数国家的信息基础设施发展有些滞后，缺少资金、技术和人才进行基建，中国大型跨国企业积极到东南亚地区进行投资并购，如阿里巴巴、腾讯、字节跳动、滴滴出行、京东等先进企业对东南亚投资电子商务、数字内容、移动支付和移动出行等项目，现阶段发展的东南亚科技公司独角兽，也有中国企业参与投资[①]。阿里巴巴和华为等企业还帮助东南亚一些国家进行人力资源方面的培养，2017 年阿里与马来西亚拉曼大学牵手培养电子商务人才，2008 年华为开始发起"未来种子"计划，帮助当地人加深对电信行业的认识，培养信息技术人员[②]。2019 年 7 月，中国移动国际有限公司（CMI）正式启动对新加坡自建自营的数据中心。近 3 年来，中国对近 8000 名沙特阿拉伯专业技术人员在基础信息领域和应用领域进行培训，帮助其教育、医疗和智能城市等领域实现数字化转型。

总体来看，当前我国与"一带一路"沿线国家的合作尚处于信息基础设施搭建阶段，数字产业合作的对象多数是经济发展和信息化程度较落后的国家和地区，对于跨境数据治理层面的合作内容还未涉及。随着我国跨境电子商务、新媒体、短视频等"互联网＋"产业在"一带一路"沿线国家不断扩展和深入，在基于全球数据流动治理问题被重视的国际背景下，未来双方在个人数据和商业跨境数据流动规制等方面必然会有合作问题。

---

①② 黄日涵、陈竹："数字经济促进中国与东盟互联互通"，《世界知识》。

（二）与沿线国家跨境数据流动合作探索了多种机制

一是凝聚共识，发出共同倡议。二十国集团于 2016 年达成《G20：二十国集团数字经济发展与合作倡议》①，该倡议允许互联网使用者拥有获得在线信息、知识和服务的权利，同时提出要促进信息跨境流动。2017 年 12 月，在第四届世界互联网大会上，中国与埃及、老挝、沙特阿拉伯、塞尔维亚、泰国和土耳其等国家达成《"一带一路"数字经济国际合作倡议》，提出基础设施联通、共同建设了数据中心等。2019 年 4 月，一些"一带一路"沿线国家的主要媒体机构、视频生产机构、电信运营商以及研发生产企业的代表等参与在北京发布《丝绸之路电视国际合作共同体 5G + 4K 传播创新倡议书》的会议，各方参与者表示愿意携手并进，在影视媒体和视频采集、制作、传输、呈现、应用等产业链各环节中引用 5G 技术和 4K/8K 超高清视频，提升彼此间资源共享的速率并丰富用户视听内容。

二是围绕产业发展，通过签订备忘录等形式达成合作意向。目前我国已与 16 个国家签署了"数字丝绸之路"建设的合作谅解备忘录，与 17 个国家建立双边电子商务合作机制，这种国际合作势必会加快"丝路电商"布局全球的速度。如中国与东盟《中国—东盟战略伙伴关系 2030 年愿景》，提出如何应对新科技、数字技术带来的新机遇以及先进技术可能对经济带来的潜在风险等问题，表示双方需要加强物理和治理互联互通。另外，我国和东盟联合发布了《中国—东盟智慧城市合作倡议领导人声明》和《中国—东盟关于"一带一路"倡议与"东盟互联互通总体规划 2025"对接合作的联合声明》，提出在大数据、AI、网络安全、智慧城市以及电子商务等领域增强双方合作。

---

① 由阿根廷、澳大利亚、巴西、加拿大、中国、法国、德国、印度、印度尼西亚、意大利、日本、韩国、墨西哥、俄罗斯、沙特阿拉伯、南非、土耳其、英国、美国以及欧盟等 20 方组成。

（三）与沿线国家跨境数据流动合作的前景广阔

近年来，我国与沿线国家关于共同发展数字经济达成普遍共识，在数字经济领域合作逐渐深化，实现了合作共赢。随着信息技术的进一步发展，我国与"一带一路"沿线国家数字经济发展的前景更为广阔。一方面，我国稳步推进数字经济发展，尤其是在互联网和新媒体行业具有较大的发展潜力，并且用户对网络视频的强烈需求为其提供了较大的市场发展空间，同时，以短视频为代表的网络视频会促进相关产业的快速发展，如电子商务、文化传播等。我国抖音短视频已经进入国际市场且其反响效果较好，未来可以继续推广到更多的"一带一路"国家和地区。我国在跨境电子商务与新媒体行业同样具有国际竞争优势，未来在"一带一路"国家和地区乃至全球的发展均可期待。

另一方面，"一带一路"国家和地区在数字经济领域发展迅速。《2019 年东南亚数字经济：移动互联网经济改变东南亚》预计 2025 年底，印尼的数字经济规模上升至 1330 亿美元，泰国到达 500 亿美元。由这些数据可知，东南亚正处于数字经济发展上升阶段，这为我国与东盟国家进一步加强数字经济领域的项目合作提供了机会。除此，我国与东盟国家已经建立了良好的数字经济合作基础，最好的证明是以移动网站、社交媒体账号为运营模式的海外华文新媒体对东南亚地区影响力较大，据《新媒体蓝皮书 2019》对海外华文媒体网站影响力排名统计，前 10 名中东南亚地区占据 6 家，且华文媒体在新加坡、马来西亚、印度尼西亚、泰国等国家的发展态势更好。同时，东南亚最大的电商平台 Lazada 将自身的支付系统 Hellopay 与支付宝进行对接，解决跨境支付的安全问题，推动了双方在数字金融上的合作进程。激增的数字化交易为我国与东盟达成跨境数据流动合作共识提供了可能。

我国与"一带一路"其他国家和地区的合作前景同样广阔。一方面，当前无线通信和WIFI的快速推广和应用，促使移动通信设备和移动网络资费相对低于有线设备和有线互联网，推动了移动互联具有超越有线互联的趋势。而"一带一路"主要沿线国家的移动互联增速快于有线互联，移动互联能够促使数字经济发展滞后的"一带一路"国家参与到国际数字贸易活动中，缩小与中国之间的"数字鸿沟"，增强我国与这些国家之间网络互联互通，促进跨境数据流动。据2018年4月中国驻哈萨克斯坦使馆的调研内容显示，中亚五国在无线互联发展要快于有线互联扩张的趋势。如土库曼斯坦通过手机设备访问互联网的情况占主流，移动端使用网络的份额年增长32%，而有线设备台式和笔记本电脑接入网络的份额年下降56%。哈萨克斯坦和乌兹别克斯坦同样具有类似的发展趋势。

另一方面，跨国互联网企业推动了中国与更多的境外国家建立合作关系。中国将启动"数字丝绸之路"全球化3.0，搭建通信基础设施为陆路国家和海洋国家、发达国家和发展中国家的相互连接提供了合作基础，大数据中心和智慧城市的建设推动全球化2.0逐步升级到3.0，中国浪潮集团联手思科、爱立信、IBM和迪堡多富等四大国际知名IT企业为"一带一路"的国家和地区提供数据中心和金融相关服务。除此，比利时参与eWTP并与阿里巴巴在列日建设eHub，成为欧洲首个数字贸易枢纽，有助于未来中国与欧洲的跨境电商业务的往来。

虽然我国尚未与"一带一路"的沿线国家和地区就跨境数据流动问题签署正式的合作协议，但是我国与这些国家和地区在信息基础设施、技术人才培养以及相关产业等方面开展了合作项目，从近几年中国在"一带一路"战略上的建设进度与成效来看，未来各方有极大可能在跨境数据治理层面形成共识，签署有助于加深彼此数字经济合作的贸易协议。

三、与沿线国家开展跨境数据流动合作面临的挑战

（一）与沿线国家开展跨境数据流动合作的基础较薄弱

参与"一带一路"沿线主要国家多是发展中国家和新兴经济体，经济发展、信息基础设施建设状态和产业结构差异较大，多数国家普遍存在互联网硬件设备建设较滞后的问题。如乌兹别克斯坦城市光纤设备质量不过关，影响电信的网络稳定性，不能保证数字设备无间断运行，同时无线宽带的传送速率慢且覆盖范围小，许多边远地区仍不能充分利用网络基础设施。土库曼斯坦的网络覆盖率低，刚启动通信系统建设，增加通信服务的数量、质量和内容，并计划在该国最偏远地区接入宽带。这些国家信息基础设施不健全会影响互联网的运营速度和覆盖面积，影响与我国数据跨境传输的速率、安全以及合作的广度和深度。同时，一些国家尚未将数字发展作为政策目标，缺乏数字化转型意识和能力，事实上大多数国家还未形成跨境数据流动规则。虽然像新加坡、欧盟、俄罗斯等国家和地区信息化发展程度较高，但这些国家又与我国对跨境数据流动的治理理念存在分歧，需进一步加强沟通和合作。除此，虽然2016年形成《G20：二十国集团数字经济发展与合作倡议》，但目前仍未有任何实质性进展。

（二）多数"一带一路"沿线国家的数字技术人才储备不足

参与"一带一路"的沿线国家大部分是发展中国家，数字经济发展水平较落后，同时能够从事数字产业的人才更加稀少，尤其是缺少同时拥有技术又精通外语的复合型人才，这种现实基础制约了我国开

展数字交易活动。如乌兹别克斯坦属于较年轻化的国家,年轻人比重是60%,但2019年对信息通信技术专业人员就业情况统计,发现该行业的就业率仅占0.5%,远远落后于欧盟平均水平3.7%。哈萨克斯坦部署"数字哈萨克斯坦",计划到2022年实现电子公共服务的覆盖率到80%,但哈萨克斯坦缺少足够的信息通信技术人才,这必然会影响此计划的实现。这些国家在数字领域人才的缺乏势必影响到与我国之间的数字经济合作的深度。

(三)我国未主动参与双边、多边及区域框架下的国际合作

我国跨境数据流动管理倾向于采用本地化存储和安全审查,缺乏更加立体性的双边和多边机制的构建,尚未与国际贸易伙伴建立跨境数据流动互信机制,这与我国所拥有的经济地位并不相符,也不利于我国相关企业的跨境展业。

目前我国还未就跨境数据流动问题与其他国家和地区进行谈判,还没有数据共享和互通的合作伙伴,这种情形很不利于我国跨境电子商务、新媒体、短视频等数字产业的进一步向外拓展,容易使我国跨国企业在海外经营产生较大的合规成本。最引人深思的国外实例是在欧盟GDPR框架下,Facebook和谷歌被指控强迫用户同意共享个人数据,按照GDPR的处罚标准,Facebook和谷歌将分别面临39亿欧元和37亿欧元(共计约88亿美元)的罚款。此外,我国与"一带一路"沿线主要国家未建立跨境数据流动合作协议也会影响彼此间已建立的合作项目,尤其可能因为与欧盟、俄罗斯、印度和新加坡等国家和地区之间数字治理理念有分歧,影响双方在传统货物贸易和远程医疗、远程教育或软件服务外包等方面的经贸合作。

（四）我国相关政策法规滞后于数字经济发展的需要

我国数字经济发展较快，特别是在跨境电子商务等领域有一定优势，也培育了一些龙头企业，这些企业在"一带一路"战略上直接与亚马逊、谷歌等企业竞争，如果国内在跨境数据流动的政策法规方面不能同步做出妥善安排，将会制约我国相关行业的发展。

一是当下我国跨境数据流动监管方式和数据保护分类形式单一。监管基本由政府主导，由此弱化了企业的监管职责。政府监管的能力与要求也不匹配，往往在实际工作中为防范风险而损害了市场效率。

二是在个人数据和重要数据保护的体系制度设计和法律法规建设上，存在相当的滞后性和不完善的情况。对于个人数据权利定位不清，规制对象属性不明。这使得企业在跨境数据流动的具体策略和执行上面临较大的不确定性和模糊性。

三是数据保护种类宽泛。因目前我国尚未建立比较有体系的数据分级分类体系，造成立法不能进行数据的有效识别，保护水平的一视同仁忽略了数据间的属性差异。

四是管理主旨存在偏差。国际上大部分国家跨境数据流动管理目的是通过有效保护鼓励数据双向流动，但我国现有法规政策的偏好是对数据流出的管控安排，将系统性管理窄化为限制性管控。

五是跨境数据流动管理重心有待平衡。相较于欧盟持续强化用户数据控制权以及美国政企博弈平衡等管理模式，我国跨境数据管理呈现出以国家安全统领个人隐私和商业秘密的倾向，抽象宽泛的国家安全极易导致限制范围的扩张和管理手段的僵化、公民和企业数据自决权的降低。

四、推动"一带一路"国家跨境数据流动政策建议

我国应综合考虑国家安全、产业发展等,建立合理的跨境数据保护体系,大力支持互联网技术和数字密集型发展,与沿线国家密切合作,为跨境数据流动和数字贸易奠定良好的基础。

(一) 根据沿线国家各自情况,制定差异化合作策略

欧盟对于跨境数据流动的规制采用双重标准,对于欧盟成员国,禁止以数据保护为由阻碍跨境数据的自由流动,而对于其他第三国,则需以提供充分保护为前提。我国也可以根据"一带一路"沿线国家的实际情况,在风险可控的前提下,兼顾国家利益、经济发展和个人隐私利益之间的合理平衡,对东南亚、东盟、俄罗斯、欧洲国家采取差别化跨境数据流动政策。

另外,区分不同的数据种类采取差异化的措施。如对于金融数据、政府数据、地图数据等具有广泛共识的数据,可采取严格限制的措施。而对于一般的电子商务数据,则应呼吁通过技术手段处理后倡导其流动,以此推动相关产业发展。

(二) 倡导建立"数字丝绸之路"的跨境数据流动倡议

"一带一路"国家大多加入了跨境数据流动的联盟,有着自己的数据朋友圈。我国作为"一带一路"倡议的发起国,应该探索与相关国家取得共识,构建"数字丝绸之路"的跨境数据流动倡议,从而推动数据的流动和监管,以便利各国间个人数据的流转与监管。

在具体路径选择上,可从现有的一些框架中展开,立足促进各国

数字经济协同发展的定位，提供一些统一的数据流动解决方案。一是用好现有的东盟地区论坛、中非合作论坛、中拉合作论坛、中国—中东欧论坛等，进一步深化合作。二是在完善国内数据安全有序流动规则的基础上，尝试与主要沿线国家和地区进行数据传输合作，在双边、多边谈判中增加跨境数据流动治理的内容，以期达成双方数据治理共识。三是通过建立健全国内隐私执法保护机构，完善国内隐私法和信用认证机制，主动参与 APEC 搭建的 CBPR 体系，减轻我国企业在国际上开展跨境数据传输业务的合规负担。

在规则层面，应从区域产业合作发展需求出发，充分尊重各国的信息主权，尊重各国的监管要求，最大程度减少规则障碍。可以采取先尝试协商出台个人数据跨境传输标准"软法"，进而加紧合作制定多边条约的"分步走"战略。

（三）在特定区域建设数据港，引导沿线国家建立试点

在上海自贸区临港新片区、海南自贸港、深圳大数据综合试验区等功能区域，建设离岸数据中心，打造若干全球数据港功能示范区，以此为载体吸引跨国业务企业的入驻，实现跨境企业数据聚集和集中管理，带动相关产业的聚集，并探索监管创新。同时，利用已有的合作基础，引导沿线国家设立试点，以试点对试点探索合作，获得经验后再推广。

执笔人：朱贤强

参考文献

［1］张舵．略论个人跨境数据流动的法律标准．中国政法大学学报，2018（3）

［2］王顺清，刘超．欧美个人数据跨境转移政策变迁及对我国的启示．法学论坛，2017（8）

［3］罗力．美欧跨境数据流动监管演化及对我国的启示．电脑知识与技术，2017，13（8）

［4］石月．数字经济环境下的跨境数据流动管理．信息安全与通信保密，2015（10）

［5］付伟，于长钺．美欧跨境数据流动管理机制研究及我国的对策建议．中国信息化，2017（6）

［6］姜疆．数字经济与主权国家的博弈．新经济导刊，2017（10）

［7］王融．跨境数据流动政策认知与建议——从美欧政策比较及反思视角．信息安全与通信保密，2018（3）

［8］单寅，王亮．跨境数据流动监管：立足国际，看国内解法．通信世界，2017（14）

［9］中国信息通信研究院．全球数字经济新图景（2019年）

［10］中国信息通信研究院．中国数字经济发展与就业白皮书（2019年）

［11］中国信息通信研究院．数字贸易发展与影响白皮书（2019）

［12］李广乾．尽早启动工业互联网平台项目抢占国际有利地位，国务院发展研究中心调查研究报告【2016年第143号（总5026号）】

［13］中国信息通信研究院．大数据白皮书（2019年）

［14］李广乾．轻装信息化是理解数字经济发展的技术基础，国务院发展研究中心调查研究报告（2018）第212号（总5487号）

［15］张奕欣等．跨境数据流动各国立法和国际合作机制初探．法制博览，2020（1）

［16］中国信息通信研究院．电信和互联网用户个人信息保护白皮书（2018年）

［17］中国电子技术标准化研究院．大数据标准化白皮书V2.0

［18］贺晓丽．美国联邦大数据研发战略计划述评．行政管理改革，2019（2）

［19］中国信息通信研究院．大数据白皮书（2019年）

［20］李广乾．政府数据整合政策研究．北京：中国发展出版社，2019